{最想编织系列}

时尚儿童毛衣

张 翠 主编

辽宁科学技术出版社

主　编：张翠

编组成员：蓝溪 小草 小乔 李俊 孙强 任俊 晨晨 布汐 蓓蕾 安邦 风兰 雪花 金牛 菲雪
丽丽 玲玲 随缘 婉玉 木瓜 砂砂 姗姗 沉默 迷离 翔妈 颖妈 蒙昧 杜曼 若安
无想 琳玲 莹宽 昊昊 胡芸 小凡 落叶 舒荣 陈燕 邓瑞飞 蛾逸瑶 梦京 李俐
刘晓瑞 田伶俐 张燕华 吴晓丽 郭建华 李东方 指花开 林宝贝 清爽指 大眼睛 江城子 忘忧草 色女人 谭延莉

图书在版编目（CIP）数据

时尚儿童毛衣/张翠主编.—沈阳：辽宁科学技术出
版社，2014.8
　　（最想编织系列）
　　ISBN 978－7－5381－8602－4

　　Ⅰ.①时… Ⅱ.①张… Ⅲ.①童服— 毛衣— 编织 — 图集
Ⅳ.①TS941.763.1－64

中国版本图书馆CIP数据核字（2014）第090401号

出版发行：辽宁科学技术出版社
　　　　　　（地址：沈阳市和平区十一纬路29号 邮编：110003）
印 刷 者：利丰雅高印刷（深圳）有限公司
经 销 者：各地新华书店
幅面尺寸：210mm×285mm
印　　张：7.5
字　　数：200千字
印　　数：1~5000
出版时间：2014年8月第1版
印刷时间：2014年8月第1次印刷
责任编辑：赵敏超
封面设计：幸琦琪
版式设计：幸琦琪
责任校对：李淑敏

书　　号：ISBN 978－7－5381－8602－4
定　　价：26.80元

联系电话：024－23284367
邮购热线：024－23284502
E-mail：473074036@qq.com
http://www.lnkj.com.cn

{目录}

可爱红色背心

大红色喜庆艳丽，搭配纯白色的蕾丝花边打底衫非常漂亮，黄色的扣子点缀得恰到好处，小鸭子的图案很可爱哦。

制作方法：
P65

制作方法:
P66

休闲风外套

暖色系的外套给人春天的感觉，宽松休闲的款式搭配裤子或者
半身裙都很好看。

制作方法：P67

娇艳黄色外套

艳丽的黄色小外套，衬托着宝宝如雪的肌肤，白里透红的脸蛋
让人忍不住想要亲一下。

制作方法：P68

粉色圆领外套

粉嫩的颜色是每个爱美的小女孩所心仪的色彩，衣身的花样简
单精致，新手妈妈也可以尝试呢。

制作方法：
P6g

粉色淑女短袖

粉色是小女孩最喜欢的颜色，简单的上下
针新手妈妈也可以轻松搞定，可以单穿也
可以搭配打底衫来穿哦。

制作方法：
P70

青翠小·外套

青翠欲滴的绿色，仿佛将整个春天穿
在身上，些许白色线的点缀，给人清
爽宜人的感觉。

黄色开衫背心

艳丽的黄色背心，开衫的款式方便穿脱，
搭配白色打底衫清新亮丽，下面搭配一条
蛋糕裙就很好看。

制作方法：
P71

制作方法：
P72

系带连衣裙

粉色的娃娃毛衣裙，是经典的韩式款式，
宽松休闲，搭配蓬蓬裙非常漂亮。

翻领套头衫

花边翻领的套头衫，款式百搭，针法是全
上下针，新手妈妈也能轻松搞定，衣身的
叶子是钩好了缝上去的。

制作方法：P73

苹果领套头衫

翠绿色的苹果领，搭配粉色
的衣身，非常可爱，这种线
材比较粗又很柔软，非常适
合新手妈妈。

制作方法：P74

制作方法:
P75

复古花朵套头衫

绿色和黑色的配色搭配很有复古的感觉,
衣身玫红色的花朵搭配绿色的叶子很时
尚。

制作方法：
P36

撞色套头衫

黄色和绿色的撞色非常精彩，长方形的色块配色编织很有特色哦，袖子也是一边一个颜色非常时尚。

17

可爱蝴蝶结套头衫

玫红色的套头衫，颜色鲜艳亮丽，非常适合皮肤白皙的小美女，衣身大大的白色蝴蝶结非常可爱。

制作方法：
P37

制作方法:
P38

大气咖啡色花朵外套

咖啡色是最具气质的色彩之一，宽松的外套
款式很有时尚范儿，胸口的花样非常漂亮。

苹果绿套头衫

苹果绿的色彩明亮可爱，远远看去像不像
一只会走路的小苹果呢，满身的蝴蝶结非
常漂亮。

制作方法:
P79

灰色双排扣短袖衫

灰色的短袖衫很中性，男生女生都可以穿哦，双排扣的点缀很大气，可以单穿也可以搭配打底衫来穿。

制作方法：
P80

粉色翻领套头衫

粉色是小女生最爱的颜色，每个小女孩都有一个粉色公主梦吧，宽松休闲的款式很适合学生。

制作方法：
P81

制作方法：
P82

温暖短袖衫

兔毛织成的短袖衫，手感柔软，具有很好
的保暖性，兔毛的线材比较容易掉毛，一
定要选好的。

紫色圆领外套

明亮的紫色外套，衣身的花样精致简单，
基础的圆领开衫搭配半身裙或者长裤都可
以。

制作方法：
P83

制作方法：
P84

叶子花开衫

玫粉色的小开衫，色彩明丽，最受小女生的欢迎，叶子花和豆豆花的组合花样很有特色。

配色翻领背心

荧光绿今年很流行哦，时尚而有个性，配上经典的灰色，不会显得太过亮眼。

制作方法：
P85

粉色背心裙

粉色的基础款背心裙，款式和针法都很简
单，新手也能轻松搞定，搭配白色衬衣或
者打底衫，适合学生妹哦。

制作方法：
P86

V 领连衣裙

紫色的 V 领连衣裙，沉静优雅，袖子和衣摆用粉色线钩编很漂亮，胸前的粉色小花点缀得恰到好处。

制作方法：
P87

制作方法：
P88

条纹背心

玫红色和黑色的搭配，很经典，条纹的配
色很适合学生哦，简单的上下针和麻花花
样，让编织变得很轻松。

制作方法：
P89

温暖套头衫

玫红色的套头衫亮丽又保暖，衣身的花样
很有特点哦，可以当作打底衫内穿，也可
以当外套穿。

制作方法：P90

橘色连衣裙

橘色给人温暖阳光的感觉，韩版的宽松款
式搭配雪纺裙非常漂亮，春天的时候搭配
打底裤和小靴子很美哦。

配色背心裙

玫红色和白色的配色清新亮丽，略大的圆领适合搭配领口带有花边的打底衫，衣身的花样很复古哦。

制作方法：
P91

亮丽花朵披肩

明丽的黄色很衬皮肤，适合肤色白皙的小孩，红色系的花朵装饰非常漂亮，搭配黑色、白色或者黄色的连衣裙都很美。

制作方法：
P92

休闲连帽衫

灰色的上衣很百搭，简单的针法和麻花花
样即使是新手也能轻松织成，连帽的款式
很休闲。

制作方法：
P93

制作方法：
P94

蓝色复古小·外套

清新淡雅的天蓝色，清纯雅致的白色，配
上复古的藏蓝色让人眼前一亮。

紫色花边上

优雅的紫色看起来很淑女，领口装饰了一
圈花边，袖子和衣摆做成褶皱的荷叶边，
很有特色。

制作方法：
Pg5

制作方法：
P96

优雅连衣裙

高贵的黑夜蓝，神秘优雅，领口设计成褶
皱的花边，衣身绣上淡雅的花朵，配上身
后大大的蝴蝶结真是美极了。

制作方法：
Pg7

花朵背心

粉色的小背心最受小女孩的欢迎，两边的
肩膀用扣子连接，方便小朋友穿脱，衣身
的钩花配上浅色的钮扣非常漂亮。

紫色背心裙

淡淡的紫色，是浪漫薰衣草的色彩，搭配一件白色打底衫，再配上一条打底裤就很美。

制作方法：
P98

艳丽韩式套头衫

玫红色和黄色的配色，两个都是艳丽的色彩，很符合韩式传统服装的配色原则。

制作方法：
P99

制作方法：
P100

爱心套头衫

这是围巾线织成的毛衣，具有很好的保暖
效果，春秋只穿一件这样的毛衣就很暖和。

制作方法：
P101

彩球毛衣外套

同样的围巾线织成的毛衣，初学者可以尝试，织得很快，针法也很简单，色彩上可以多变。

橘色小·外套

橘色就像傍晚的阳光，给人温暖的感觉，
让人忍不住想要亲近，蓝色的扣子很漂亮。

制作方法：
P102

制作方法：
P103

牛角扣连帽外套

纯净的白色，最配宝贝干净的气质，连帽的中长款式，搭配粉色的裙子或者是裤子，会有不同的感觉。

修身中长款外套

红色系的中长款外套，具有很好的保暖效果，变换的扭 "8" 花样起到收腰的效果。

制作方法：
P104

制作方法：
P105

紫色淑女外套

浪漫优雅的紫色外套，白色的线镶边，同
色系的扣子保持一致性，白色线分隔衣身
裙摆。

清爽短袖衫

清凉的夏季线织成的短袖衫，质地柔软，
穿在身上冰凉舒爽，搭配短裤很好看。

制作方法：
P106

制作方法:
P107

萌兔子斗篷

纯白色的围巾线织成的斗篷,具有很好的
保暖效果哦,帽子是可爱的兔子造型,戴
上帽子,瞬间变身萌小孩。

百搭背心

米色的基础款背心，全上下针织成，是新手用来练习的最佳款式，衣身的花样可以随意变化。

制作方法：
P108

制作方法:
P109

明丽黄色外套

明丽的黄色很衬皮肤,适合肤色白皙的小孩儿,黄色和白色的搭配很清新,搭配裤子或者裙子都很漂亮。

立体花套头衫

粉嫩的颜色，是小女孩的最爱，衣身的花
样是大大的立体花，很有特色。

制作方法：
P110

配色男孩套头衫

基础圆领款的男孩套头衫，灰色和黑色的
配色线织成，全上下针，需要掌握配色线
编织的小技巧。

制作方法：
P111

绿色学生装

绿色的 V 领开衫，简单的麻花花样，搭配白色或者素色的格子衬衣很有英伦学生范儿。

制作方法：
P112

保暖配色毛衣

橘色和白色的配色毛衣，比较中性，男孩女孩都适合，高领的设计具有很好的保暖效果。

制作方法：
P113

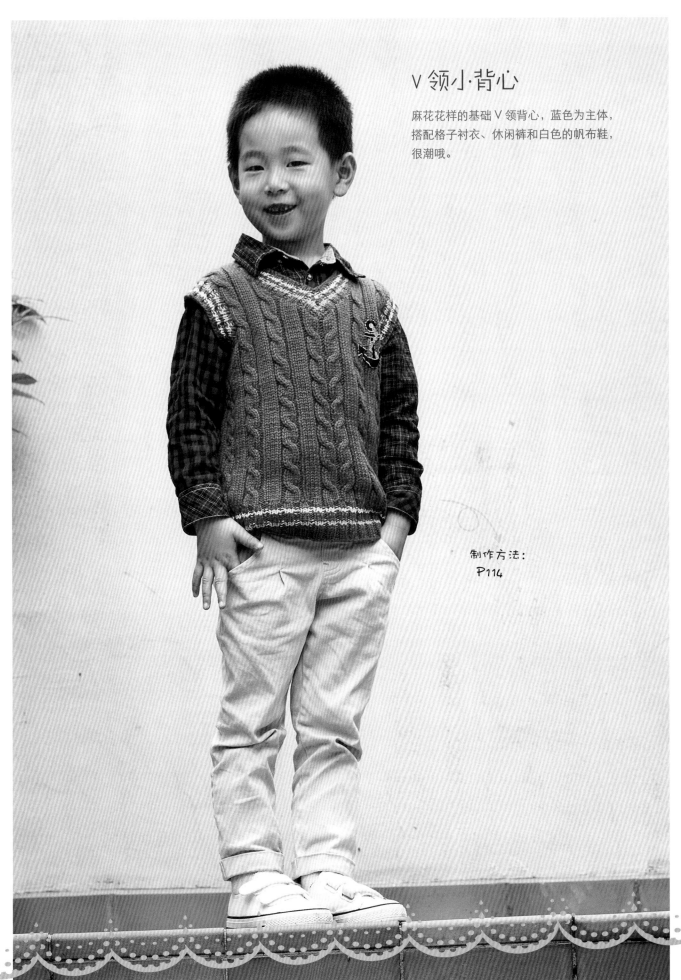

V领小·背心

麻花花样的基础V领背心，蓝色为主体，
搭配格子衬衣、休闲裤和白色的帆布鞋，
很潮哦。

制作方法：
P114

可爱小·鱼图案毛衣

灰色为主体的□□□□□□□□织成波浪的花样，衣身绣上可爱的小鱼，仿佛自由自在地在水里遨游。

制作方法：
P115

配色开衫背心

蓝色和白色是完美的搭配，就像蓝天白云，
让人心情愉悦，搭配格子衬衣最帅。

制作方法：
P116

制作方法:
P117

黑色系带装

高领的系带衣，比较中性，男孩女孩都可以穿，灰色和黑色的搭配很有质感。

温暖高领毛衣

段染线织成的毛衣，色彩缤纷，高领的设计具有很好的保暖效果，冬天穿一件这样的毛衣就不怕冷了。

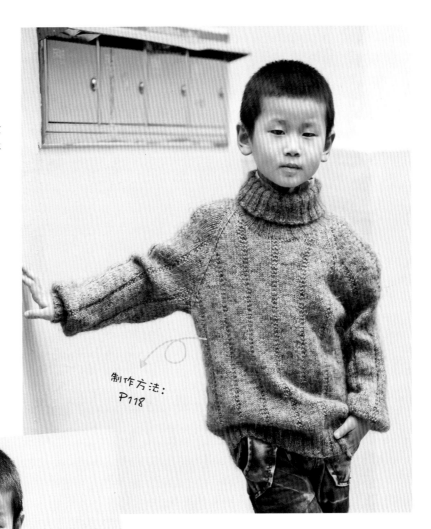

制作方法：
P118

英伦风套头衫

配色的菱形花样，是经典的英伦学院风，搭配格子衬衣最合适，下面穿素色休闲裤和帆布鞋。

制作方法：
P119

缤纷男孩装

无论是男孩女孩都喜欢色彩缤纷的衣服，可以给家里的小帅哥准备一件这样的彩色毛衣哦，很好搭配。

制作方法：
P120

可爱红色背心

【成品规格】	衣长34cm，下摆宽34cm
【工　　具】	10号棒针，缝衣针
【编织密度】	30针×38行=10cm²
【材　　料】	红色羊毛线400g，纽扣7枚

编织要点：

1. 毛衣用棒针编织，由2片前片、1片后片组成，从下往上编织。

2. 先编织前片。分右前片和左前片编织。(1) 右前片，用下针起针法起52针，先织12行单罗纹后，其中门襟处留6针织花样A，其余改织全下针，侧缝不用加减针，织至64行至袖隆。(2) 袖隆以上的编织。右侧袖隆平收4针后减针，方法是每织4行减2针减3次，共减6针，不加不减平织40行至袖隆。(3) 同时从袖隆算起织至22行时，门襟处平收6针后，开始领窝减针，方法是每2行减1针减15次，至肩部余23针。(4) 相同的方法，相反的方向编织左前片。

3. 编织后片。(1) 用下针起针法，起104针，先织12行单罗纹后，改织全下针，侧缝不用加减针，织64行至袖隆。(2) 袖隆以上编织。袖隆开始减针，方法与前片袖隆一样。不用开领窝，织至肩部余84针。

4. 缝合。将前片的侧缝与后片的侧缝对应缝合，前后片的肩部对应缝合。

5. 领子编织。领圈边挑72针，织28行花样B，形成开襟翻领，并用钩针钩织花边。

6. 编织袖口。两边袖口分别挑80针，环形织8行单罗纹。

7. 口袋另织。起20针，织20行花样B，用缝衣针缝到前片相应的位置。

8. 用十字绣的绣法缝上前片的图案，缝纽扣。衣服编织完成。

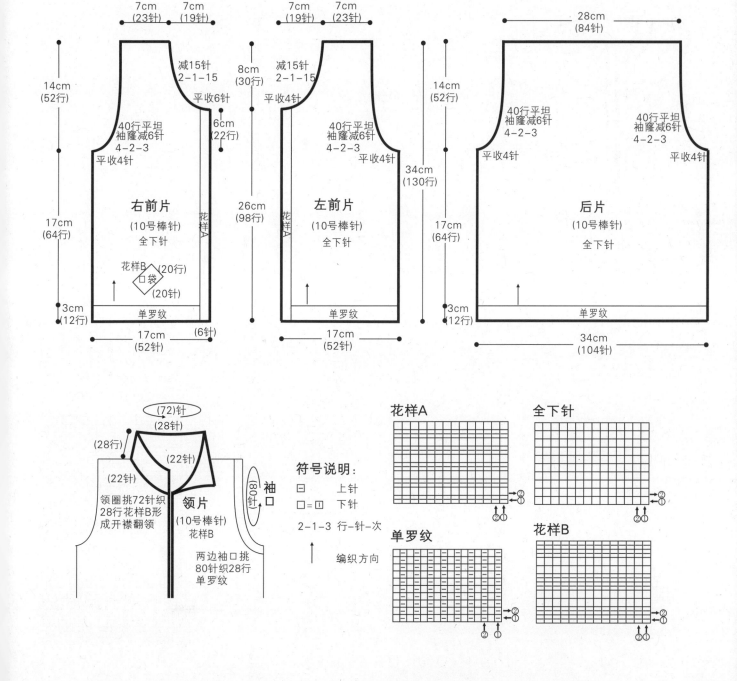

休闲风外套

【成品规格】 衣长37cm，下摆宽30cm，袖长37cm

【工 具】 10号棒针，缝衣针

【编织密度】 28针×36行＝10cm²

【材 料】 橙红色羊毛线400g，纽扣5枚

编织要点：

1. 毛衣用棒针编织，由2片前片、1片后片、2片袖片组成，从上往下编织。

2. 先织肩部环形片部分，从领口织起。领口用下针起针法起86针，环形织花样A，并按花样A分3层加针，织完52行花样A后，总数为256针，环形部分完成。

3. 开始分出2片前片、1片后片和2片袖片。(1) 前片编织，分左前片和右前片编织。左前片分出38针，在袖窿处加4针为42针，编织全下针，侧缝不用加减针，织至58行时，改织10行花样C，再改织8行花样D，收针断线。同样方法，反方向编织右前片。(2) 后片编织，分出76针，在两边袖窿处各加4针为84针，编织全下针，侧缝不用加减针，织至58行时，改织10行花样C，再改织8行花样D，收针断线。(3) 袖片编织，左袖片分出52针，两边各加4针为60针，编织全下针，袖下减针，方法是每8行减1针减6次，织至58行时，改织10行花样C，再改织8行花样D，收针断线。同样方法编织右袖片。

4. 缝合。将两前片的侧缝和后片的侧缝缝合。两袖片的袖下分别缝合。

5. 两边门襟分别挑126针，织10行单罗纹，右边门襟按图均匀地开纽扣孔。

6. 领圈边挑108针，织36行花样B，形成翻领。

7. 用缝衣针缝上纽扣。毛衣编织完成。

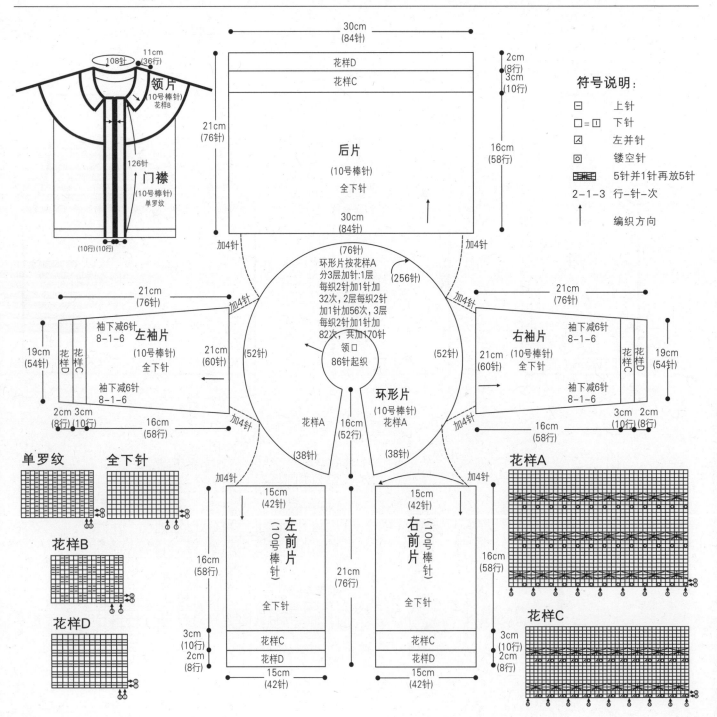

符号说明：

□ 上针
□=□ 下针
☑ 左并针
回 镂空针
▦ 5针并1针再放5针
2-1-3 行-针-次
↑ 编织方向

娇艳黄色外套

【成品规格】 衣长38cm，下摆宽29cm，袖长38cm

【工　　具】 10号棒针，缝衣针

【编织密度】 30针×38行＝10cm²

【材　　料】 黄色羊毛线400g，白色线少许，纽扣5枚

编织要点：

1.毛衣用棒针编织，由2片前片、1片后片和2片袖片组成，从上往下编织。

2.先织肩部环形片部分，从领口织起。领口用下针起针法起102针，环形织8行花样A后，改织花样B，

并配色，门襟两边各留6针继续织花样A，并按花样B分3层加针，织完60行花样B后，总数为312针，环形部分完成。

3.开始分出2片前片，1片后片和2片袖片。(1) 前片编织，分左前片和右前片编织。左前片分出40针，在袖窿处加4针为44针，编织全下针，侧缝不用加减针，织至68行时，改织8行花样A，收针断线。同样方法，反方向编织右前片。(2) 后片编织，分出80针，在两边袖窿处各加4针为88针，编织全下针，侧缝不用加减针，织至68行时，改织8行花样A，收针断线。(3) 袖片编织，左袖片分出76针，两边各加4针为84针，编织全下针，袖下减针，方法是每6行减1针减12次，织至68行时，改织8行花样A，收针断线。同样方法编织右袖片。

4.缝合。将两前片的侧缝和后片的侧缝缝合。两袖片的袖下分别缝合。

5.用缝衣针缝上纽扣。毛衣编织完成。

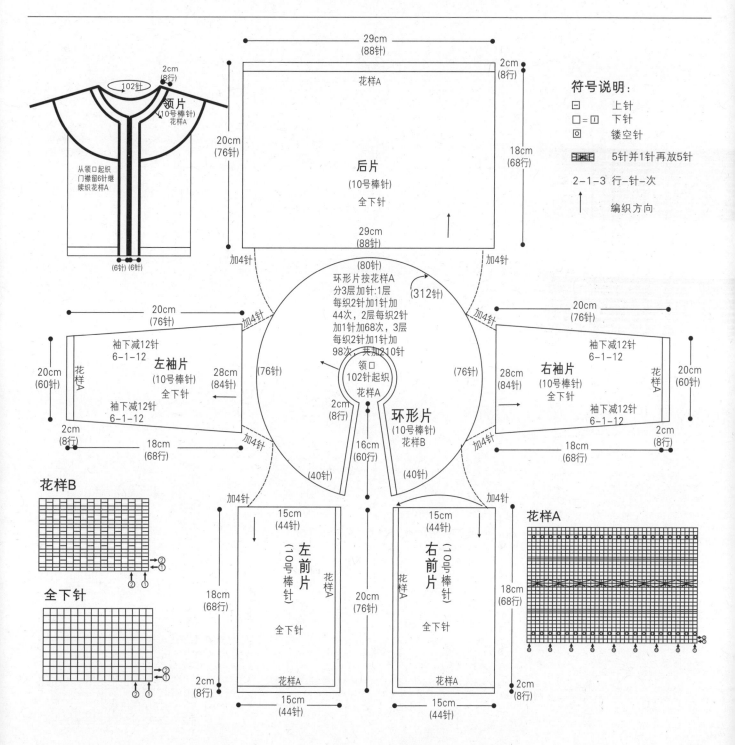

粉色圆领外套

【成品规格】 衣长32cm，下摆宽30cm，袖长32cm

【工　　具】 10号棒针，缝衣针

【编织密度】 28针×42行=10cm²

【材　　料】 粉红色羊毛线400g，纽扣6枚

编织要点：

1.毛衣用棒针编织，由2片前片、1片后片和2片袖片组成，从上往下编织。

2.先织肩部环形片部分，从领口织起。领口用下针起针法起114针，环形织花样A后，两边门襟各留6针织花样B，其余针数按花样A分3层加针，织完30行花样A后，针数为220针，然后分前后片和两边袖片，编织全下针，并在各分片之间进行插肩加针，方法是每2行加1针加8次，共加64针，最后针数为284针，环形部分完成。

3.开始分出2片前片，1片后片和2片袖片。(1)前片编织，分左前片和右前片编织。左前片分出38针，在袖隆处加4针为42针，编织花样C，侧缝不用加减针，织至84行时，改织8行花样D，收针断线。同样方法，反方向编织右前片。(2)后片编织，分出76针，在两边袖隆处各加4针为84针，编织花样C，侧缝不用加减针，织至84行时，改织8行花样D，收针断线。(3)袖片编织，左袖片分出66针，两边各加4针为74针，编织花样C，袖下减针，方法是每8行减1针减8次，织至84行时，改织8行花样D，收针断线。同样方法编织右袖片。

4.缝合。将两前片的侧缝和后片的侧缝缝合。两袖片的袖下分别缝合。

5.用缝衣针缝上纽扣。毛衣编织完成。

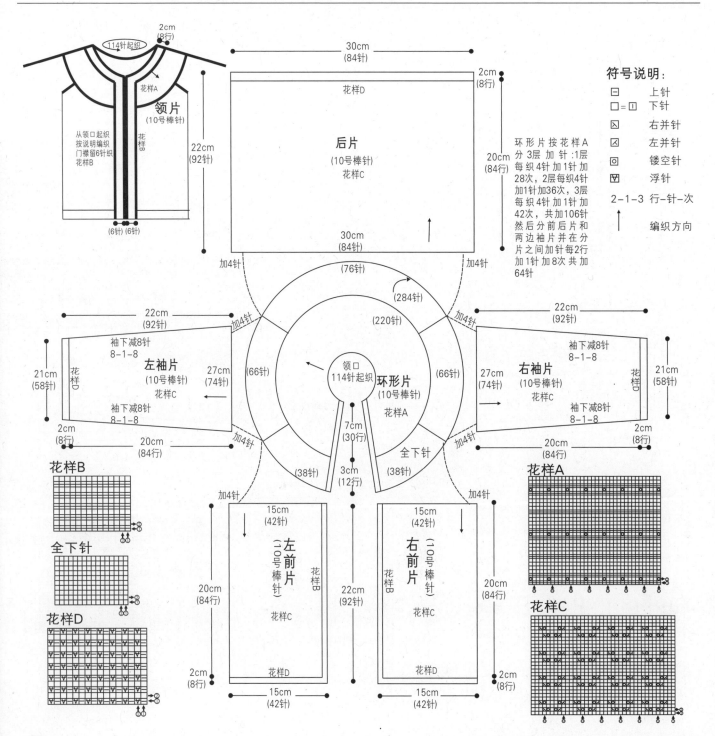

粉色淑女短袖

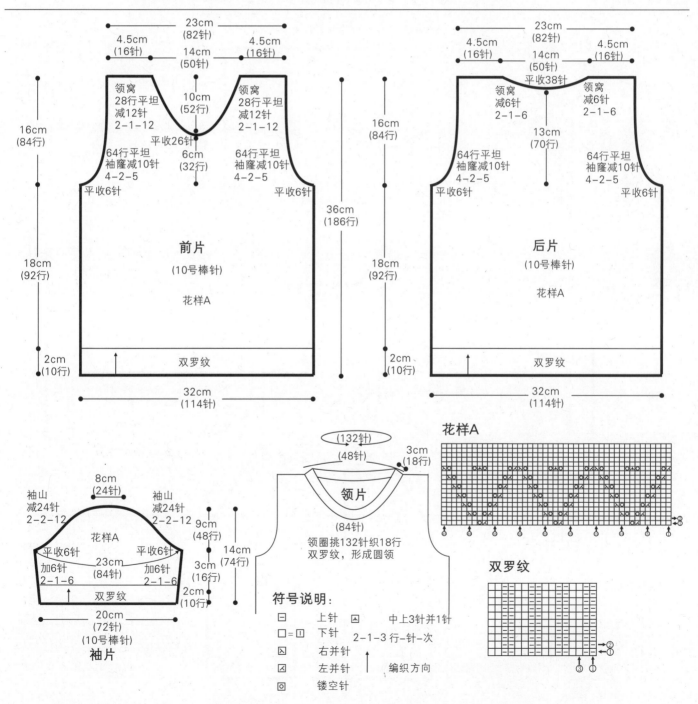

【成品规格】 衣长36cm，下摆宽32cm，肩宽23cm，袖长14cm

【工 具】 10号棒针，缝衣针

【编织密度】 36针×54行=10cm²

【材 料】 浅红色羊毛线300g

编织要点:

1. 毛衣用棒针编织，由1片前片、1片后片和2片袖片组成，从下往上编织。

2. 先编织前片。(1) 用下针起针法起114针，编织10行双罗纹后，改织花样A，侧缝不用加减针，织92行至袖窿。(2) 袖窿以上的编织。两边袖窿平收6针后减针，方法是每4行减2针减5次，各减10针，不加不减织64行至肩部。(3) 同时从袖窿算起织至32行时，开始开领窝，中间平收26针，然后两边减针，方法是每2行减1针减12次，各减12针，不加不减织28行，至肩部余16针。

3. 编织后片。(1) 用下针起针法起114针，编织10行双罗纹后，改织花样A，侧缝不用加减针，织92行至袖窿。(2) 袖窿以上的编织。两边袖窿平收6针后减针，方法是每4行减2针减5次，各减10针，不加不减织64行至肩部。(3) 同时从袖窿算起织至70行时，开始开领窝，中间平收38针，然后两边减针，方法是每2行减1针减6次，各减6针，至肩部余16针。

4. 袖片编织。用下针起针法，起72针，织10行双罗纹后，改织花样A，袖下加针，方法是每2行加1针加6次，织至16行时，两边平收6针，开始袖山减针，方法是每2行减2针减12次，至顶部余24针。

5. 缝合。将前片的侧缝与后片的侧缝对应缝合。前片的肩部与后片的肩部缝合，两边袖片的袖下缝合后，分别与衣片的袖边缝合。

6. 领片编织。领圈边挑132针，织18行双罗纹，形成圆领。毛衣编织完成。

69

青翠小外套

【成品规格】 衣长29cm，下摆宽31cm，连肩袖长29cm

【工　　具】 10号棒针，绣花针

【编织密度】 34针×48行=10cm²

【材　　料】 绿色羊毛线400g，白色线少许，纽扣5枚

编织要点：

1. 毛衣用棒针编织，由2片前片、1片后片和2片袖片组成，从下往上编织。

2. 先编织前片。(1) 左前片。用下针起针法，起56针，织10行花样C后，改织全下针，门襟6针织花样B，侧缝不用加减针，织68行至插肩袖窿。(2) 袖窿以上的编织。袖窿以上编织花样A，并配色，平收4针后，减30针，方法是每4行减2减15次，织62行至肩部。(3) 同时从插肩袖窿算起，织至44行时，开始领窝减针，门襟平收6针，然后减针，方法是每2行减2针减8次，织至肩部全部针数收完。同样方法编织右前片。

3. 编织后片。(1) 用下针起针法，起106针，织10行花样C后，改织全下针，侧缝不用加减针，织68行至插肩袖窿。(2) 袖窿以上的编织。袖窿以上编织花样A，并配色，两边袖窿平收4针后减30针，方法是每4行减2针减15次，领窝不用减针，织62行余38针。

4. 编织袖片。用下针起针法，起72针，先织10行花样C后，改织全下针，两边袖下加针，方法是每10行加1针加6次，织至68行时，开始两边插肩平收4针后减针，改织花样A，并配色，方法是每4行减2针减15次，至肩部余16针，同样方法编织另一袖。

5. 缝合。将前片的侧缝与后片的侧缝对应缝合。袖片的袖下分别缝合，袖片的插肩部与衣片的插肩部缝合。

6. 领片编织。领圈边挑108针，织10行单罗纹，形成开襟圆领。

7. 装饰。缝上纽扣，毛衣编织完成。

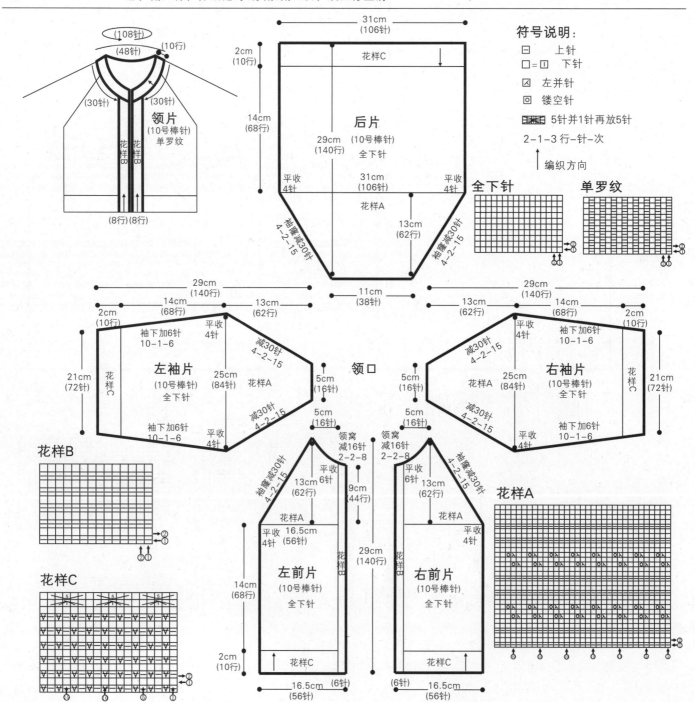

黄色开衫背心

【成品规格】	衣长37cm，胸宽31cm
【工　　具】	10号棒针，钩针
【编织密度】	30针×46行=10cm²
【材　　料】	黄色羊毛线400g，纽扣5枚

编织要点：

1. 毛衣用棒针编织，由2片前片、1片后片组成，从下往上编织。

2. 先编织前片。分右前片和左前片编织。(1)右前片，先用下针起针法，起46针，先编织18行单罗纹后，门襟留6针编织花样B，其余改织花样A，侧缝不用加减针，织92行至袖窿。(2)袖窿以上的编织。袖窿平收4针后减针，方法是每2行减2针减4次，不加不减织52行至肩部。(3)同时从袖窿算起织至36行时，门襟平收6针后，开始领窝减针，方法是每2行减1针减6次，不加不减织至肩部余22针。(4)相同的方法，相反的方向编织左前片，并均匀地开纽扣孔。

3. 编织后片。(1)先用下针起针法，起92针，先编织18行单罗纹后，改织花样A，侧缝不用加减针，织至92行至袖窿。(2)袖窿以上的编织。袖窿两边平收4针后减针，方法与前片袖窿一样，不用开领窝，织至顶部余68针。

4. 缝合。将前片的侧缝与后片的侧缝对应缝合。

5. 领子和袖口的编织。领圈边和两边袖口分别用钩针钩织花边。

6. 缝上纽扣。毛衣编织完成。

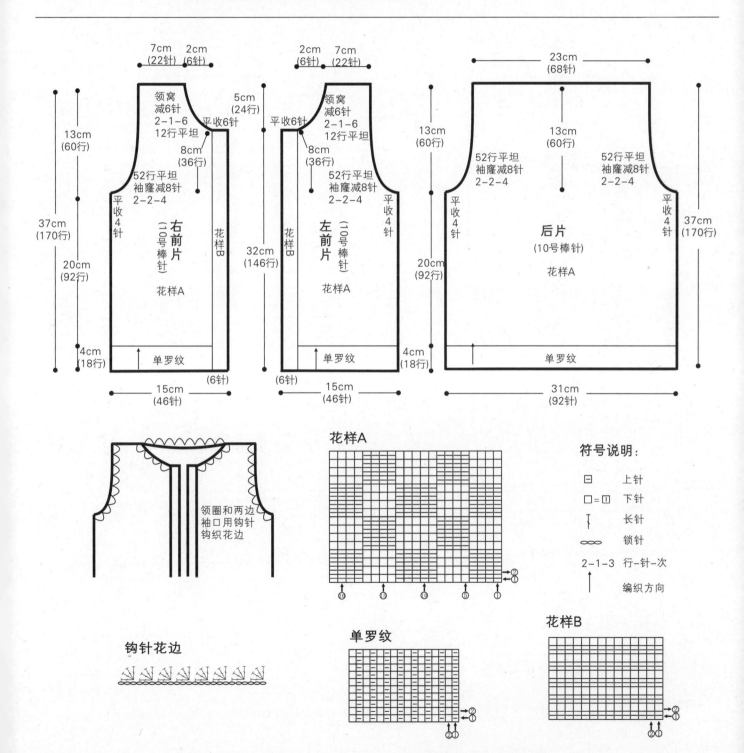

花样A

花样B

单罗纹

钩针花边

领圈和两边袖口用钩针钩织花边

符号说明：

□	上针
口=☐	下针
│	长针
∞	锁针
2-1-3	行-针-次
↑	编织方向

系带连衣裙

【成品规格】 胸宽 33cm，衣长 41.5cm，肩宽 25.5cm，袖长36.5cm

【工　具】 10号、11号棒针

【编织密度】 27针×37.5行=10cm²

【材　料】 粉色羊毛线370g、咖啡色羊毛线30g

编织要点：

1. 先织后片，用10号棒针咖啡色毛线起116针，织1.5cm上针，换粉色毛线，不加不减织82行下针，均匀减针至92针，换咖啡色毛线，编织花样A8行，再换粉色毛线，织下针，共织24.5cm到腋下，进行袖隆减针，减针方法如图，肩留18针，待用。

2. 前片，用咖啡色毛线10号棒针起116针，织1.5cm上针，换10号棒针织粉色毛线，不加不减织82行下针，均匀减针到92针，换咖啡色毛线编织花样A8行，再换粉色毛线，编织下针，共织24.5cm到腋下，到腋下，进行袖隆减针，织到衣长最后6cm时，开始领口减针，减针方法如图示，肩留18针，待用。

3. 袖，用11号棒针咖啡色毛线起42针，如图一，编织单罗纹4cm，换10号棒针均匀加针至52针，两侧按图示加针，织下针22cm到腋下，进行袖山减针，减针方法如图，减针完毕，袖山形成。

4. 分别合并肩线，侧缝线和袖下线，并缝合袖子。

5. 领，挑织，如图二。

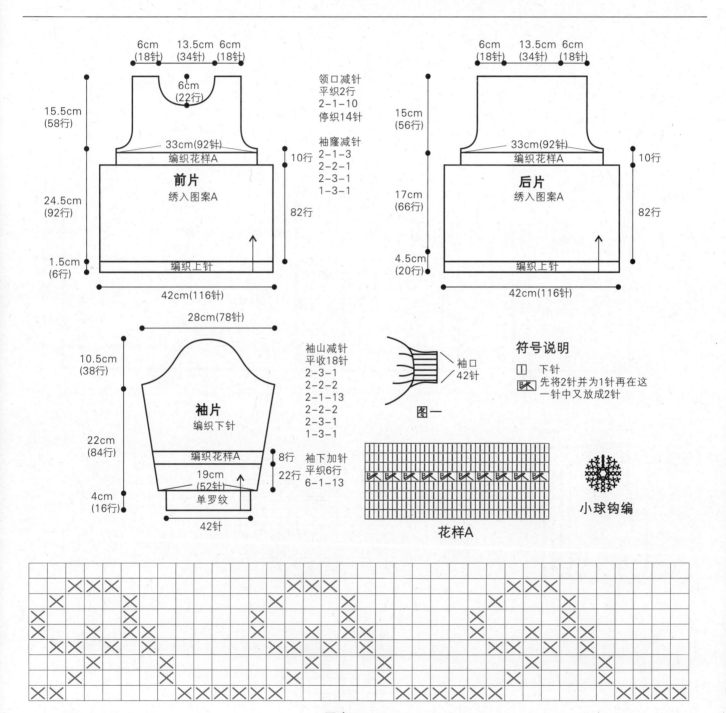

图案A

72

翻领套头衫

【成品规格】 衣长37cm，下摆宽31cm，肩宽21cm，袖长31cm

【工 具】 10号棒针，缝衣针，钩针

【编织密度】 26针×36行=10cm²

【材 料】 浅黄色羊毛线400g，蓝色、绿色线各少许

编织要点:

1. 毛衣用棒针编织，由1片前片、1片后片和2片袖片组成，从下往上编织。

2. 先编织前片。(1) 用下针起针法起80针，编织8行花样A后，改织全下针，侧缝不用加减针，织64行至袖隆。(2) 袖隆以上的编织。两边袖隆平收6针后减针，方法是每4行减2针减3次，各减6针，不加不减织50行至肩部。(3) 同时织至袖隆算起36行时，开始开领窝，以中间为中点，然后两边减针，方法是每2行减2针减4次，每2行减1针减6次，各减14针，不加不减织6行至肩部余14针。

3. 编织后片。(1) 用下针起针法起80针，编织8行花样A后，改织全下针，侧缝不用加减针，织64行至袖隆。(2)袖隆以上的编织。两边袖隆平收6针后减针，方法是每4行减2针减3次，各减6针，不加不减织50行至肩部余56针，不用领窝减针。

4. 袖片编织。用下针起针法起52针，织10行单罗纹后，改织全下针，袖下加针，方法是每8行加1针加8次，织至64行时，两边平收6针，开始袖山减针，方法是每2行减2针减4次，每2行减1针减12次，织36行至顶部余16针。

5. 缝合。将前片的侧缝与后片的侧缝对应缝合。前片的肩部与后片的肩部缝合，两边袖片的袖下缝合后，分别与衣片的袖边缝合。

6. 领片编织。领圈边挑94针，以前片中间为中心，片织24行花样A，形成套头翻领。

7. 领边和下摆边用钩针，蓝色线钩织花边，再用绿色线钩织前片装饰花朵，缝合于前片相应位置，毛衣编织完成。

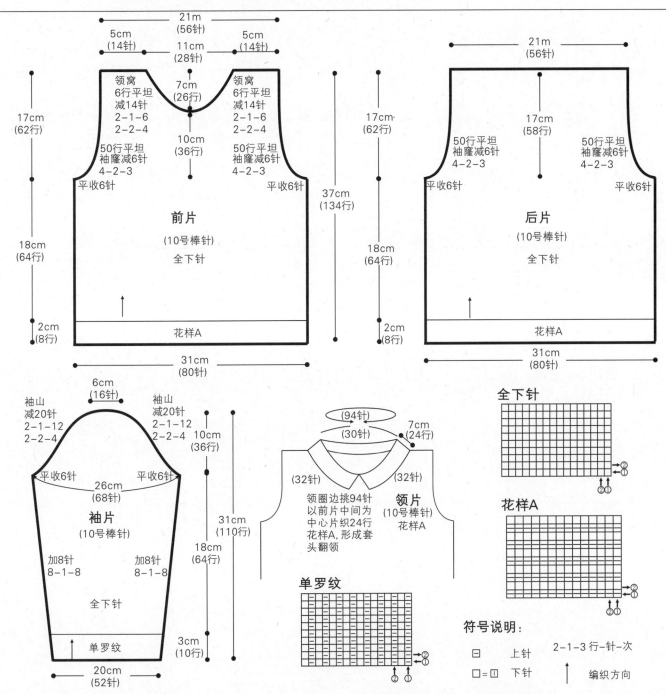

全下针

花样A

符号说明:

□ 上针

□=□ 下针

2-1-3 行-针-次

↑ 编织方向

苹果领套头衫

【成品规格】	胸宽32cm，衣长42cm，肩宽25cm，袖长31.5cm
【工　具】	7号、8号棒针
【编织密度】	18针×24行=10cm²
【材　料】	粉色圈圈绒线370g，嫩绿色圈圈绒线50g

编织要点:

1.先织后片，用7号棒针起58针，编织下针，不加不减织24cm到腋下，进行袖窿减针，减针方法如图，织至衣长最后2.5cm，进行后领和斜肩减针，如图，肩留11针，待用。

2.前片，用7号棒针起58针，编织下针，不加不减织24cm到腋，进行袖窿减针，减针方法如图，织到衣长最后6cm时，开始领口减针，减针方法如图示，织至34.5cm，按图示进行领口减针，织至衣长最后2.5cm，开始斜肩减针，如图，肩留11针，待用。

3.袖，用8号棒针起34针，编织5cm单罗纹，换7号棒针，编织下针，两侧按图示加针，织16.5cm到腋下，进行袖山减针减针方法如图，减针完毕，袖山形成。

4.分别合并肩线，侧缝线和袖下线，并缝合袖子。

5.领，用7号棒针挑织，如图。

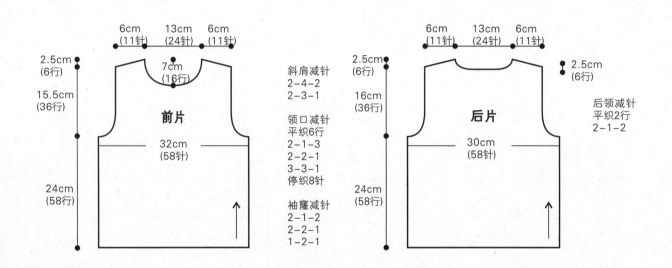

前片

2.5cm（6行）
15.5cm（36行）
24cm（58行）
6cm（11针） 13cm（24针） 6cm（11针）
7cm（16行）
32cm（58针）

斜肩减针
2-4-2
2-3-1

领口减针
平织6行
2-1-3
2-2-1
3-3-1
停织8针

袖窿减针
2-1-2
2-2-1
1-2-1

后片

2.5cm（6行）
16cm（36行）
24cm（58行）
6cm（11针） 13cm（24针） 6cm（11针）
2.5cm（6行）
30cm（58针）

后领减针
平织2行
2-1-2

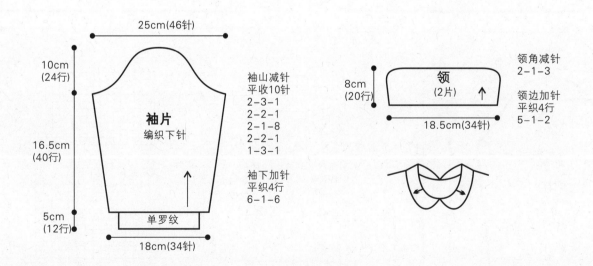

袖片
编织下针

25cm（46针）
10cm（24行）
16.5cm（40行）
5cm（12行）
18cm（34针）
单罗纹

袖山减针
平收10针
2-3-1
2-2-1
2-1-8
2-2-1
1-3-1

袖下加针
平织4行
6-1-6

领
（2片）

8cm（20行）
18.5cm（34针）

领角减针
2-1-3

领边加针
平织4行
5-1-2

复古花朵套头衫

【成品规格】 衣长50cm，下摆宽48cm，肩宽27cm，袖长40cm

【工　　具】 10号棒针、缝衣针

【编织密度】 22针×28行=10cm²

【材　　料】 黑色羊毛线200g，绿色线100g，玫红色线等少许

编织要点：

1. 毛衣用棒针编织，由1片前片、1片后片和2片袖片组成，从下往上编织。

2. 先编织前片。(1)用下针起针法，起106针，先织6行单罗纹后，改织全下针，并编入图案和配色，侧缝不用加减针，织96行至袖隆，并分散减34针，此时针数为72针。(2)袖隆以上编织。袖隆两边平收6针，余下针数不加不减织38行至肩部。(3)同时从袖隆算起织至16行时，开始领窝减针，中间平收16针，两边各减10针，方法是每2行减1针减10次，平织12行至肩部余12针。

3. 后片编织。(1)用下针起针法，起106针，先织6行单罗纹后，改织全下针，并配色，侧缝不用加减针，织96行至袖隆，并分散减34针，此时针数为72针。(2)袖隆以上编织。袖隆两边平收6针，余下针数不加不减织38行至肩部。(3)同时从袖隆算起织至30行时，开始领窝减针，中间平收28针，两边各减34针，方法是每2行减1针减4次，至肩部余12针。

4. 袖片编织。从袖口织起，用下针起针法起36针，织6行单罗纹后，改织全下针，并分散加28针至64针，袖下不用加减针，织78行时，两边平收6针后，进行袖山减针，方法是每2行减2针减3次，每2行减1针减10次，织28行至顶部余20针。同样方法编织另一袖片。

5. 缝合。将前片的侧缝与后片的侧缝对应缝合。前后片的侧缝缝合，两袖片的袖下缝合后，与衣片的袖隆边缝合。

6. 领子编织。领圈边挑108针，织14行单罗纹，形成圆领。衣服编织完成。

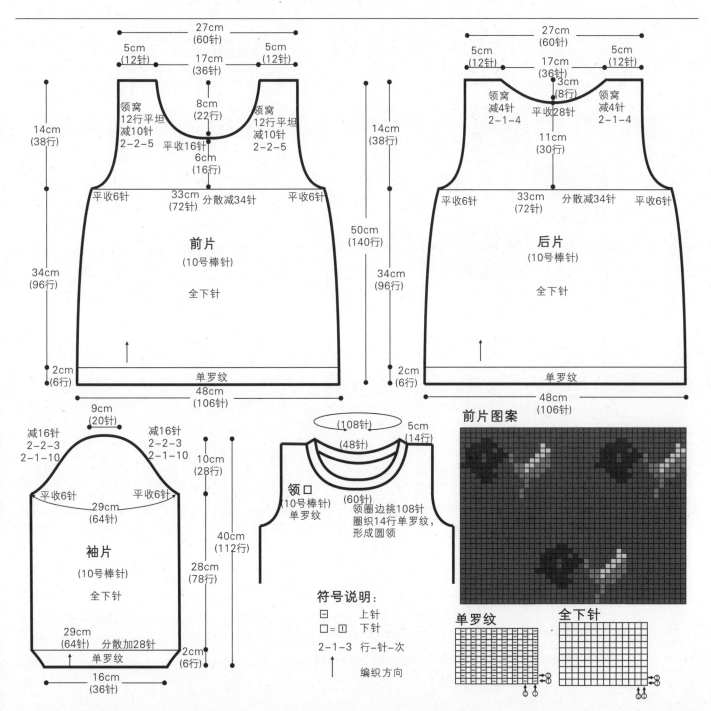

前片

27cm (60针)
5cm (12针)　17cm (36针)　5cm (12针)
8cm (22行)
领窝 12行平坦 减10针 2-2-5
平收16针
6cm (16行)
领窝 12行平坦 减10针 2-2-5
14cm (38行)
平收6针　33cm (72针) 分散减34针　平收6针
前片 (10号棒针) 全下针
34cm (96行)
2cm (6行)　单罗纹
48cm (106针)

后片

27cm (60针)
5cm (12针)　17cm (36针)　5cm (12针)
3cm (8行)
领窝 减4针 2-1-4　平收28针　领窝 减4针 2-1-4
11cm (30行)
14cm (38行)
50cm (140行)
平收6针　33cm (72针) 分散减34针　平收6针
后片 (10号棒针) 全下针
34cm (96行)
2cm (6行)　单罗纹
48cm (106针)

袖片

9cm (20针)
减16针 2-2-3 2-1-10　减16针 2-2-3 2-1-10
10cm (28行)
平收6针　平收6针
29cm (64针)
袖片 (10号棒针) 全下针
40cm (112行)
28cm (78行)
29cm (64针) 分散加28针
2cm (6行)　单罗纹
16cm (36针)

领口

(108针)
(48针)
(60针)
5cm (14针)
领口 (10号棒针) 单罗纹
领圈边挑108针 圈织14行单罗纹 形成圆领

前片图案

符号说明：
□ 上针
□=□ 下针
2-1-3 行-针-次
↑ 编织方向

单罗纹　　全下针

撞色套头衫

【成品规格】 胸宽27cm，衣长39cm，肩宽23cm，袖长25cm

【工　具】 6号棒针

【编织密度】 16针×23行=10cm²

【材　料】 黄色圈圈绒线200g，绿色圈圈绒线110g

编织要点:

1.先织后片，用6号棒针黄色绒线针起44针，编织下针，不加不减织22cm到腋下，进行袖窿减针，减针方法如图，织至衣长最后2cm，进行后领减针，如图，肩留10针，待用。

2.前片，用6号棒针绿色毛线起22针，再用黄色毛线接着起22针（绒线变换如图），编织下针，不加不减织至22cm到腋，进行袖窿减针，减针方法如图，织到衣长最后7.5cm时，开始领口减针，减针方法如图示，肩留10针，待用。

3.袖，用6号黄色绒线棒针起30针，编织下针，两侧按图示加针，织20cm到腋下，进行袖山减针，减针方法如图，减针完毕，袖山形成。用绿色绒线相同的方法编织另一只袖子。

4.分别合并肩线、侧缝线和袖下线，并缝合袖子。

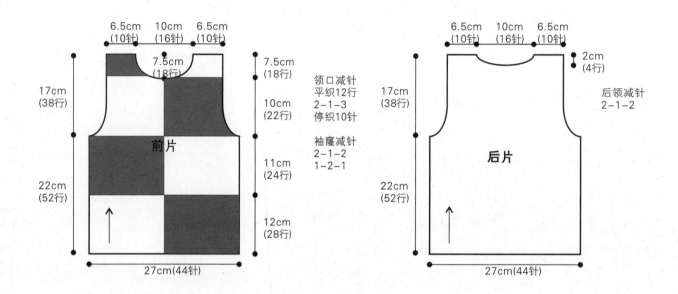

前片

6.5cm (10针) 10cm (16针) 6.5cm (10针)

7.5cm (18行)

17cm (38行)

22cm (52行)

7.5cm (18行)

10cm (22行)

11cm (24行)

12cm (28行)

领口减针
平织12行
2-1-3
停织10针

袖窿减针
2-1-2
1-2-1

27cm(44针)

后片

6.5cm (10针) 10cm (16针) 6.5cm (10针)

2cm (4行)

17cm (38行)

22cm (52行)

后领减针
2-1-2

27cm(44针)

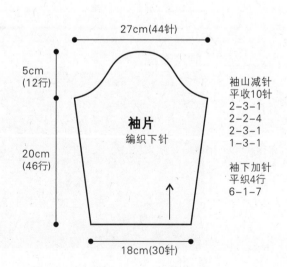

袖片
编织下针

27cm(44针)

5cm (12行)

20cm (46行)

18cm(30针)

袖山减针
平收10针
2-3-1
2-2-4
2-3-1
1-3-1

袖下加针
平织4行
6-1-7

可爱蝴蝶结套头衫

【成品规格】 胸宽32cm，衣长36.5cm，肩宽28cm，
袖长20.5cm

【工　具】 8号棒针，2.0钩针

【编织密度】 23针×30行=10cm²

【材　料】 粉色圈圈绒线300g，白色圈圈绒线适
量

编织要点：

1.先织后片，用7号棒针起76针，编织下针，不加不

减织21cm到腋下，进行袖窿减针，减针方法如图，织至
衣长最后2cm，进行后领减针，如图，肩留20针，待用。

2.前片，用8号棒针起76针，编织下针，不加不减织
21cm到腋，进行袖窿减针，减针方法如图，织到衣长最
后8.5cm时，开始领口减针，减针方法如图示，肩留20
针，待用。

3.袖，8号棒针起42针，编织下针，两侧按图示加针，织
16cm到腋下，进行袖山减针，减针方法如图，减针完
毕，袖山形成。

4.分别合并肩线，侧缝线和袖下线，并缝合袖子。

5.蝴蝶结，用白色圈圈绒线8号棒针起36针，编织下针，
织23cm，收针，断线并缝合在相应的位置。

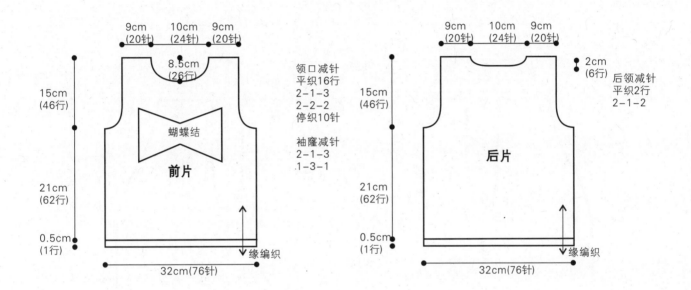

前片

9cm（20针）　10cm（24针）　9cm（20针）

8.5cm（26行）

15cm（46行）

21cm（62行）

0.5cm（1行）

32cm（76针）

蝴蝶结

缘编织

领口减针
平织16行
2-1-3
2-2-2
停织10针

袖窿减针
2-1-3
1-3-1

后片

9cm（20针）　10cm（24针）　9cm（20针）

2cm（6行）

15cm（46行）

21cm（62行）

0.5cm（1行）

32cm（76针）

缘编织

后领减针
平织2行
2-1-2

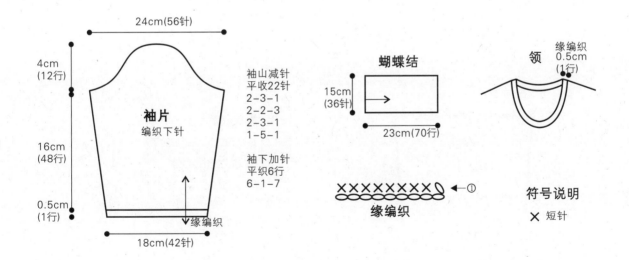

袖片
编织下针

24cm（56针）

4cm（12行）

16cm（48行）

0.5cm（1行）

18cm（42针）

缘编织

袖山减针
平收22针
2-3-1
2-2-3
2-3-1
1-5-1

袖下加针
平织6行
6-1-7

蝴蝶结

15cm（36针）

23cm（70行）

领

缘编织
0.5cm（1行）

缘编织

×××××××× ←①

符号说明

× 短针

大气咖啡色花朵外

【成品规格】 衣长40cm，胸宽40cm，肩宽37cm，袖长30cm。

【工　　具】 8号棒针，8号环形针

【编织密度】 15针×20行=10cm²

【材　　料】 棕色毛巾线400g，黑色线30g

编织要点:

1.棒针编织法。袖窿以下一片编织，袖窿以上分为左右前片和后片各自编织。

2.袖窿以下的织法。双罗纹起针法，起116针，起织花样A双罗纹针，织6行，下一行起，织下针，不加减针，织成36行时，下一行在两边开始减前衣领边，

每2行减1针，减5针后，即织成46行时，至袖窿，下一行分片，左右前片各23针，后片60针，先编织后片，两边同时减针，2-1-3，织成袖窿算起26行的高度时，下一行中间收针26针，两边减针，2-1-2，至肩部余下12针，收针断线。再编织右前片，左侧袖窿减针，2-1-3，右侧继续前衣领减针，再减8针后，针数余下12针，不加减针，织14行至肩部，收针断线。相同的方法编织左前片。将前后片的肩部对应缝合。最后用黑色线，沿着左右衣襟边，前后衣领边，挑针编织下针，织4行后收针断线。

3.袖片织法。双罗纹起针法，起32针，起织花样A，织6行，下一行起全织下针，并在两边袖侧缝上加针，4-1-10，再织16行至袖山，针数加成52针，全部收针断线。相同的方法再去编织另一个袖片。将两个袖山边线与衣身的袖窿边线对应缝合。再将袖侧缝缝合。用不同颜色的毛线，制作数个毛线球，缝于衣身适当位置。衣服完成。

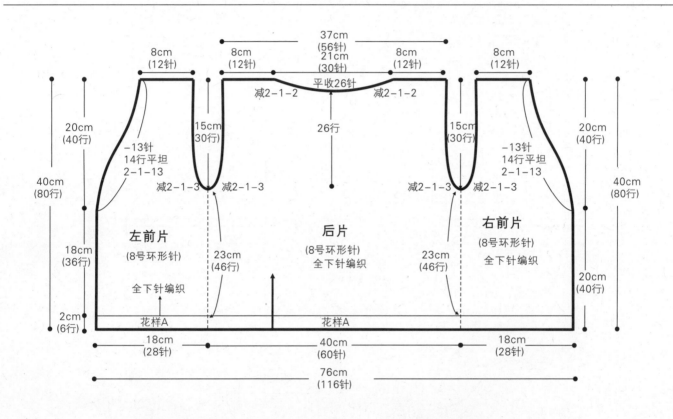

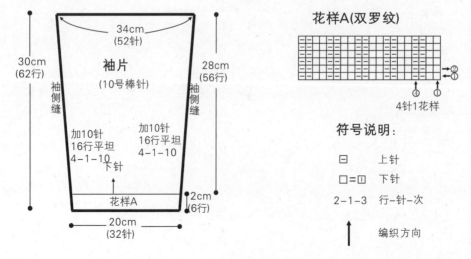

花样A(双罗纹)

4针1花样

符号说明:

□　　上针

□=□　下针

2-1-3　行-针-次

↑　　编织方向

78

苹果绿套头衫

【成品规格】 胸宽30cm，衣长47cm，肩宽23cm，袖长30cm

【工 具】 7号棒针，2.0钩针

【编织密度】 18针×24行=10cm²

【材 料】 绿色圈圈绒线350g，白色、咖啡色圈圈绒线少量

编织要点:

1.先织后片，用7号棒针起64针，编织下针，不加不减。

织26.5cm，按图，收阴褶，织至30cm到腋下，进行袖窿减针，减针方法如图，织至衣长最后2.5cm，进行后领减针，如图，肩留11针，待用。

2.前片，用7号棒针起64针，编织下针，两侧按图示减针，织30cm到腋，进行袖窿减针，减针方法如图，织到衣长最后8cm时，开始领口减针，减针方法如图示，肩留11针，待用。

3.袖，7号棒针起34针，编织下针，两侧按图示加针，织21cm到腋下，进行袖山减针，减针方法如图，减针完毕，袖山形成。

4.分别合并肩线，侧缝线和袖下线，并缝合袖子。

5.蝴蝶结，用白色圈圈绒线7号棒针起12针，编织下针，织9cm，收针，断线。

6.袋，用钩针按口袋编织钩编口袋。

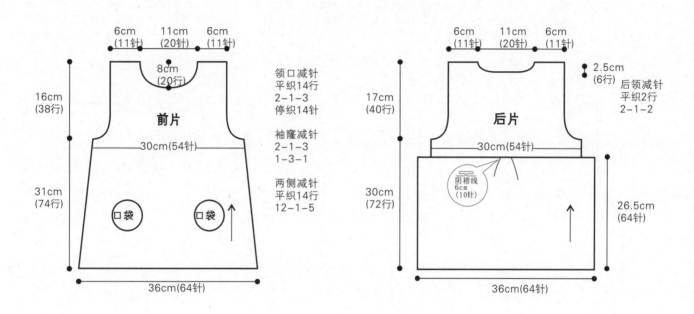

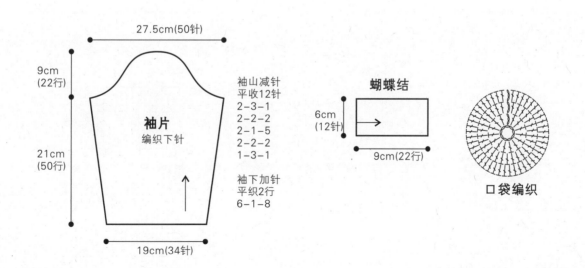

灰色双排扣短袖衫

【成品规格】 衣长38cm，下摆宽32cm，肩宽23cm，袖长10cm

【工　具】 10号棒针，缝衣针

【编织密度】 26针×32行=10cm²

【材　料】 灰色羊毛线400g，黑色线少许，纽扣4枚

编织要点:

1. 毛衣用棒针编织，由1片前片、1片后片和2片袖片组成，从下往上编织。

2. 先编织前片。(1)用机器边起针法起84针，编织16行单罗纹后，改织花样A，并配色，侧缝不用加减针，织54行至袖窿。(2)袖窿以上的编织。两边袖窿平收4针后减针，方法是每2行减2针减4次，各减8针，不加不减织44行至肩部。(3)同时织至袖窿算起28行时，开始开领窝，中间平收20针，然后两边减针，方法是每2行减2针减5次，各减10针，不加不减织14行至肩部余10针。

3. 编织后片。(1)用下针起针法起84针，编织16行单罗纹后，改织花样A，并配色，侧缝不用加减针，织54行至袖窿。(2)袖窿以上的编织。两边袖窿平收4针后减针，方法是每2行减2针减4次，各减8针，不加不减织44行至肩部。(3)同时织至从袖窿算起48行时，开始开领窝，中间平收36针，然后两边减针，方法是每2行减1针减2次，至肩部余10针。

4. 袖片编织。用下针起针法起48针，织6行单罗纹后，改织全下针，并配色，同时开始开袖山减针，方法是每2行减2针减2次，每2行减1针减10次，共减14针，至顶部余20针。

5. 缝合。将前片的侧缝与后片的侧缝对应缝合。前片的肩部与后片的肩部缝合，两边袖片顶部打皱褶后分别与衣片的袖边缝合。

6. 领片编织。领圈边挑96针，圈织10行单罗纹，形成圆领。

7. 用缝衣针缝上前片纽扣。毛衣编织完成。

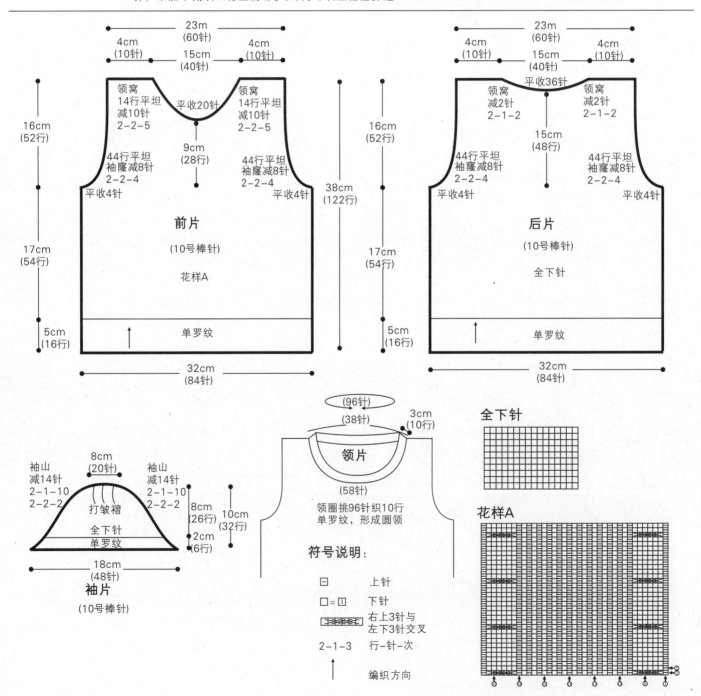

粉色翻领套头衫

【成品规格】 胸宽32cm，衣长41cm，肩宽29cm，袖长34.5cm

【工　　具】 9号、10号棒针

【编织密度】 下针：24.5针×36行=10cm²
花样A：28.5针×36行=10cm²

【材　　料】 粉色羊毛线300g，红色、白色羊毛线少量

编织要点：

1.先织后片，用10号棒针起92针，织3cm扭针单罗纹，换9号棒针，编织花样A，织18cm，再换织花样B，织至19.5cm，进行袖隆减针，减针方法如图，织至衣长最后1.5cm，按图示进行后领减针，肩留17针，待用。

2.前片，用10号棒针起92针，织3cm扭针单罗纹，换9号棒针，编织花样A，织18cm，换织花样B，织至19.5cm，开始袖隆减针，减针方法如图，袖隆往上织5.5cm，按图，中间6针编织搓板针，右侧停织，左侧织至衣长最后6cm时，开始领口减针，减针方法如图示，肩留17针，待用。再编织右侧，在6针搓板针的背面挑6针，编织搓板针，往上织至衣长最后6cm时，按图示，进行领口减针，肩留17针，待用。

3.袖子，用10号棒针起55针，编织扭针单罗纹，织4cm，换9号棒针，均匀加针到61针，编织花样A，两侧按图示加针，织18.5cm，换织花样B，织至20cm，按图示，开始袖山减针，减针完毕，袖山形成。

4.分别合并侧缝线、肩线和袖下线，并缝合袖子。

5.领，用9号棒针挑织搓板针，如图。

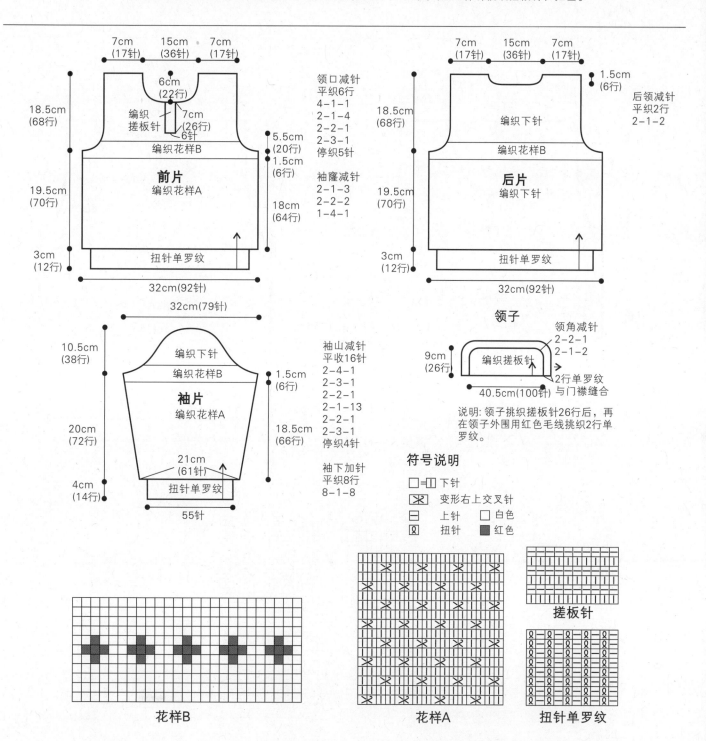

前片
编织花样B
编织花样A
扭针单罗纹

18.5cm（68行）
19.5cm（70行）
3cm（12行）
32cm（92针）

7cm（17针） 15cm（36针） 7cm（17针）
6cm（22行）
编织搓板针 7cm（26行）6针
5.5cm（20行）
1.5cm（6行）
18cm（64行）

领口减针
平织6行
4-1-1
2-1-4
2-2-1
2-3-1
停织5针

袖隆减针
2-1-3
2-2-2
1-4-1

后片
编织下针
编织花样B
编织下针
扭针单罗纹

18.5cm（68行）
19.5cm（70行）
3cm（12行）
32cm（92针）

7cm（17针） 15cm（36针） 7cm（17针）
1.5cm（6行）

后领减针
平织2行
2-1-2

领子

9cm（26行）
编织搓板针
领角减针
2-2-1
2-1-2
2行单罗纹
与门襟缝合
40.5cm（100针）

说明：领子挑织搓板针26行后，再在领子外围用红色毛线挑织2行单罗纹。

袖片
编织下针
编织花样B
编织花样A
扭针单罗纹

32cm（79针）
10.5cm（38行）
20cm（72行）
4cm（14行）
21cm（61针）
55针
1.5cm（6行）
18.5cm（66行）

袖山减针
平收16针
2-4-1
2-3-1
2-2-1
2-1-13
2-2-1
2-3-1
停织4针

袖下加针
平织8行
8-1-8

符号说明

□ 下针
⊠ 变形右上交叉针
□ 上针　□ 白色
Ω 扭针　■ 红色

花样B

花样A

搓板针

扭针单罗纹

温暖短袖衫

【成品规格】 衣长49cm，下摆宽34cm，肩宽27cm

【工　　具】 10号棒针，缝衣针

【编织密度】 36针×46行＝10cm²

【材　　料】 粉红色长羊毛线300g

编织要点:

1.毛衣用棒针编织，由1片前片、1片后片组成、从下往上编织。

2.先编织前片。(1) 用下针起针法，起122针，先织14行双罗纹后，改织花样A，侧缝不用加减针，织134行至袖窿。(2) 袖窿以上的编织。两边袖窿平收4针后减针，方法是每2行减2减4次，各减8针，不加不减织70行。(3) 同时从袖窿算起织至24行时，开始开领窝，中间平收36针，然后两边减针，方法是每2行减1针减20次，共减20针，不加不减织14行至肩部余22针。

3.编织后片。(1) 袖窿和袖窿以下的编织方法与前片袖窿一样。(2) 同时从袖窿算起织至64行时，开始领窝减针，中间平收64针，然后两边减6针，方法是每2行减1针减6次，织至肩部余22针。

4.缝合。将前片的侧缝与后片的侧缝对应缝合。前片的肩部与后片的肩部缝合。

5.编织袖口。两边袖口分别挑108针，环形织14行双罗纹。

6.领子编织。领圈边挑140针，环形织14行双罗纹，形成圆领。毛衣编织完成。

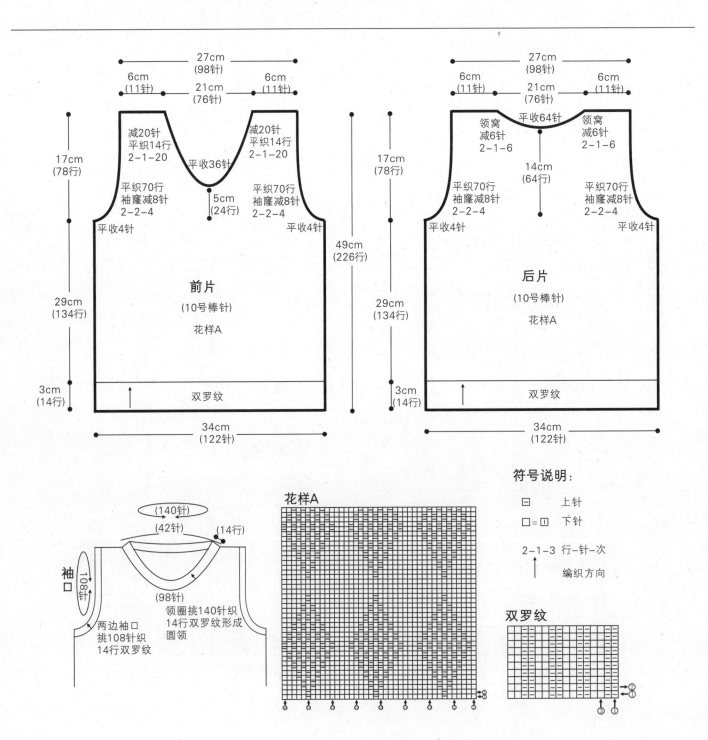

符号说明:

□　上针

□=☐　下针

2-1-3　行-针-次

↑　编织方向

紫色圆领外套

【成品规格】 衣长45cm，下摆宽30cm，袖长36cm

【工　　具】 10号棒针，缝衣针

【编织密度】 22针×26行＝10cm²

【材　　料】 浅紫色羊毛线400g，纽扣6枚

编织要点：

1. 毛衣用棒针编织，由2片前片、1片后片和2片袖片组成，从下往上编织。

2. 先编织前片。分右前片和左前片编织。(1) 右前片，用下针起针法起32针，先织10行单罗纹后，改织花样A，侧缝不用加减针，织52行至袖隆。(2) 袖隆以上的编织。右侧袖隆平收4针后减针，方法是每织2行减2针减4次，共减8针，不加不减平织46行至袖隆。(3) 同时从袖隆算起织至34行时，开始领窝减针，门襟平收4针后减针，方法是每2行减2针减4次，

不加不减织12行至肩部余8针。(4) 相同的方法，相反的方向编织左前片。

3. 编织后片。(1) 用下针起针法，起64针，先织10行单罗纹后，改织花样A，侧缝不用加减针，织52行至袖隆。(2) 袖隆以上编织。袖隆开始减针，方法与前片袖隆一样。(3) 同时织至从袖隆算起50时，开后领窝，中间平收20针，两边各减2针，方法是每2行减1针减2次，织至两边肩部余8针。

4. 编织袖片。从袖口起，用下针起针法，起36针，先织10行单罗纹后，改织花样A，袖侧缝两边加6针，方法是每8行加1针加6次，编织52行至袖隆。开始两边袖山减针，方法是两边分别每4行减2针减2次，每4行减1针减6次，共减10针，编织完32行后余20针，收针断线。同样方法编织另一袖片。

5. 缝合。将前片的侧缝与后片的侧缝对应缝合，前后片的肩部对应缝合，再将两袖片的袖下缝合后，袖山边线与衣身的袖隆边对应缝合。

6. 门襟编织。门襟用钩针钩织花边。

7. 领子编织。领圈边挑78针，织6行单罗纹，形成开襟圆领。

8. 用缝衣针缝上纽扣，衣服编织完成。

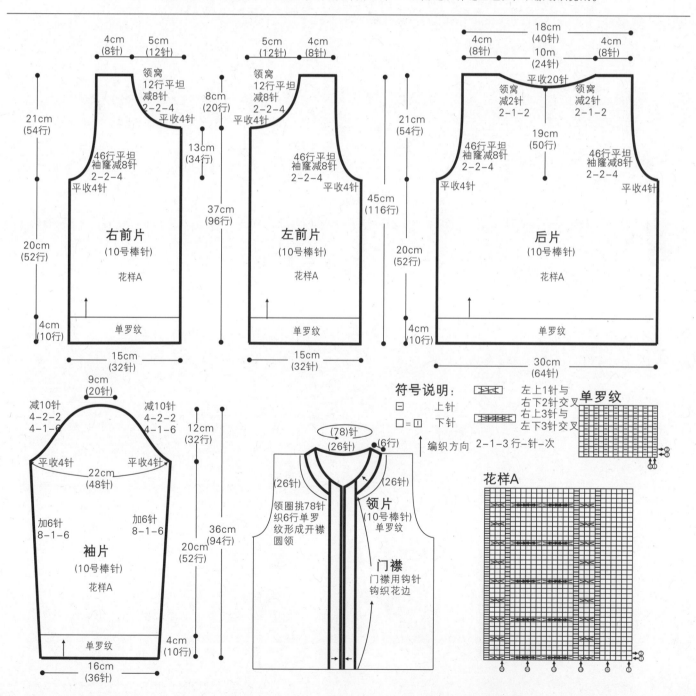

叶子花开衫

【成品规格】	胸宽34cm，衣长48cm，袖长23cm
【工　　具】	7号棒针，7号环形针，缝衣针
【编织密度】	21针×25.5行=10cm²
【材　　料】	玫粉色圈线600g，白拉毛线20g

编织要点:

前身片制作说明

1. 前身片分为两片编织，左身片和右身片各1片，从

衣摆起针编织，往上加针编织至肩部。

2. 起10针编织前身片，门襟方向加针编织，方法顺序为1-2-3，1-1-8，2-1-4，从第19行起不加减针编织，共编织28cm后，即61行，从第62行开始袖隆减针，方法顺序为1-4-1，2-1-20，前身片的袖隆减少针数为23针，详细编织图解见图解2。

3. 同样的方法再编织另一前身片，完成后，将两前身片的侧缝与后身片的侧缝对应缝合，袖隆与后身片，袖片与袖隆对应缝合，前领连接继续编织帽子，可用防解别针锁住，领窝不加减针。

衣袖片制作说明:

1. 两片衣袖片，分别单独编织。
2. 从袖口起针，起50针编织，两侧同时加针，加针方法如图，依次6-1-10，加针到69行。编织花样见图4图解。
3. 袖山的编织：两侧同时减针，减针方法如图1-3-1，2-1-20。最后余下11针，直接收针后断线。
4. 沿袖口挑38针按图1图解花样编织装饰边。
5. 同样的方法再编织另一衣袖片。
6. 将两衣袖片的袖山与衣身的袖隆线边对应缝合,再缝合袖片的侧缝。

帽子制作说明:

1. 一片编织完成。先缝合完成肩部后再起针挑织帽片。
2. 挑68针按图5花样编织30cm×26cm的长方形，共编织56行后，收针断线。编织花样见图5。
3. 帽顶对折,沿边缝合。

衣领制作说明:

1. 前后身片缝合好挑织完成帽子后沿着衣边、帽边挑针圈织衣边。编织花样见图解1。
2. 挑出的针数，要比衣边、帽边沿边的针数稍多些，共编织22行后，收针断线。

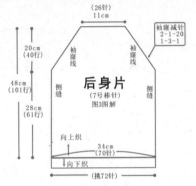

后身片制作说明:

1. 后身片为一片编织，从衣摆边开始编织，往上编织至肩部。
2. 起70针编织，第18行时花样减针。共编织28cm后，即61行，从第62行开始袖隆减针，方法顺序为1-3-1，2-1-20，后身片的袖隆减少针数为23针，详细编织图解见图解3。
3. 沿衣边挑72针按图1图解花样编织装饰边。
4. 完成后，将后身片的侧缝与前身片的侧片对应缝合，后领连接继续编织帽子，可用防解别针锁住。

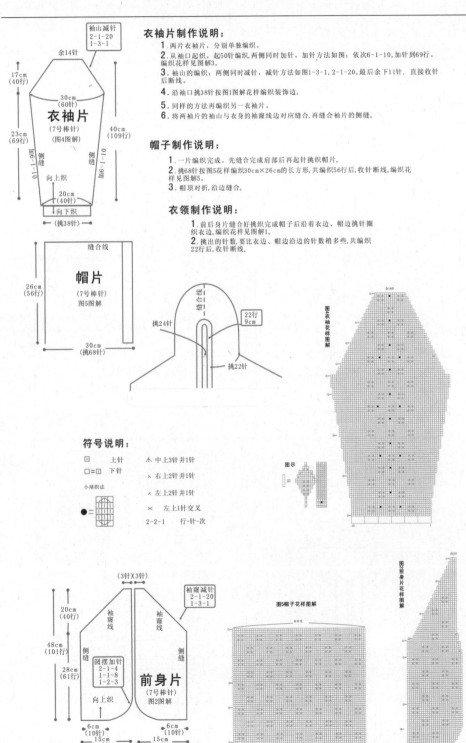

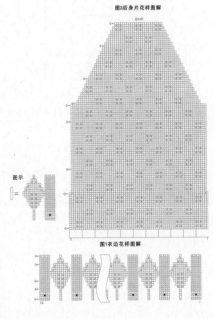

配色翻领背心

【成品规格】 衣长36cm，下摆宽34cm，连肩袖长16cm

【工　具】 10号棒针，缝衣针，钩针

【编织密度】 26针×36行=10cm²

【材　料】 荧光绿色羊毛线400g

编织要点：

1.毛衣用棒针编织，由1片前片、1片后片和2片袖片组成，从上往下编织。

2.先织领口环形片。从领口起织，用下针起针法起168针，先片织20行全下针后再圈织，形成小门襟，并同时分前后片和两边袖片，每分片留2针径，并每织2行每径两边各加1针，加22次，共加176针，织完58行时，织片的针数为344针，环形片完成。

3.开始分出前片、后片和2片袖片，(1)前片分出100针，并在两边各平加4针，共108针，继续改织花样A，侧缝不用加减针，织至100行时，收针断线。(2)后片分出100针，编织方法与前片一样。

4.袖片编织。左袖片分出72针，并在两边各平加4针，共80针，继续编织12行双罗纹，收针断线。同样方法编织右袖片。

5.缝合。将前片的侧缝和后片的侧缝缝合。两袖片的袖下分别缝合。

6.领片编织。领圈边挑140针，织8行双罗纹，形成圆领，并在内侧挑针，用钩针钩织5cm领片，形成翻领。

7.下摆用钩针钩织花边。毛衣编织完成。

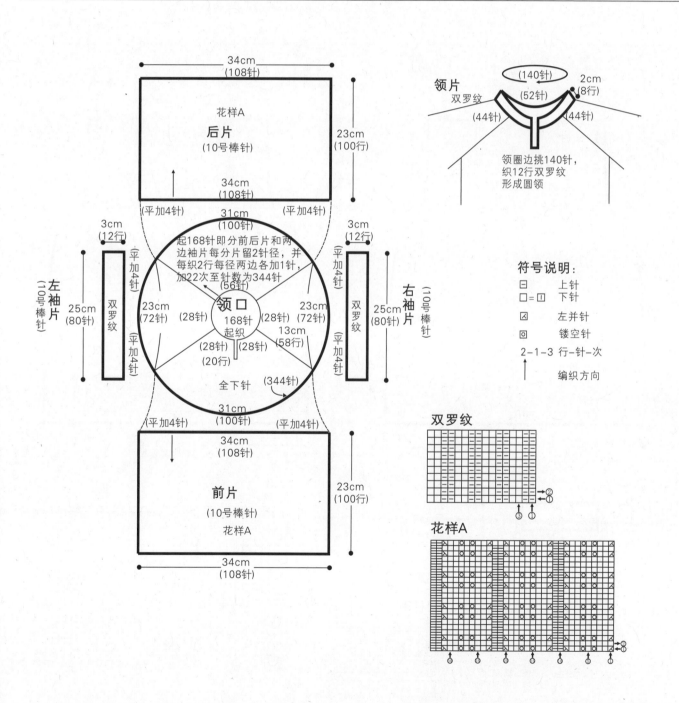

符号说明：

□	上针
□=□	下针
⊠	左并针
◎	镂空针
2-1-3	行-针-次
↑	编织方向

粉色背心裙

【成品规格】 衣长54cm，下摆宽37cm，肩宽20cm

【工　具】 10号棒针，缝衣针，钩针

【编织密度】 28针×36行=10cm²

【材　料】 粉色羊毛线400g

编织要点：

1. 毛衣用棒针编织，由1片前片、1片后片组成，从下往上编织。

2. 先编织前片。(1) 用下针起针法，起104针，先织8行花样B后，改织花样A，侧缝不用加减针，织122行至袖窿。(2) 袖窿以上编织。袖窿两边平收6针后减针，方法是每4行减2针减3次，余下针数不加不减织42行至肩部。(3) 同时从袖窿算起织至10行时，织片分散减24针，此时针数为56针，继续编织26行时，(其中4行织花样B)，开始领窝减针，中间平收32针，两边不用减针，接近领窝处的2针织花样B，织28行至肩部余12针。

3. 后片编织。(1) 用下针起针法，起104针，先织8行花样B后，改织花样A，侧缝不用加减针，织122行至袖窿。(2) 袖窿以上编织。袖窿两边平收6针后减针，方法是每4行减2针减3次，余下针数不加不减织42行至肩部。(3) 同时从袖窿算起织至10行时，织片分散减24针，此时针数为56针，继续编织40行时，(其中4行织花样B)，开始领窝减针，中间平收32针，两边不用减针，接近领窝处的2针织花样B，织14行至肩部余12针。

4. 缝合。将前片的侧缝与后片的侧缝对应缝合。前后片的肩部对应缝合。

5. 袖口编织。两边袖口分别挑100针，圈织4行花样B，并用钩针钩织花边。

6. 领子编织。领圈边用钩针钩织花边，自然形成弧度，形成圆领。衣服编织完成。

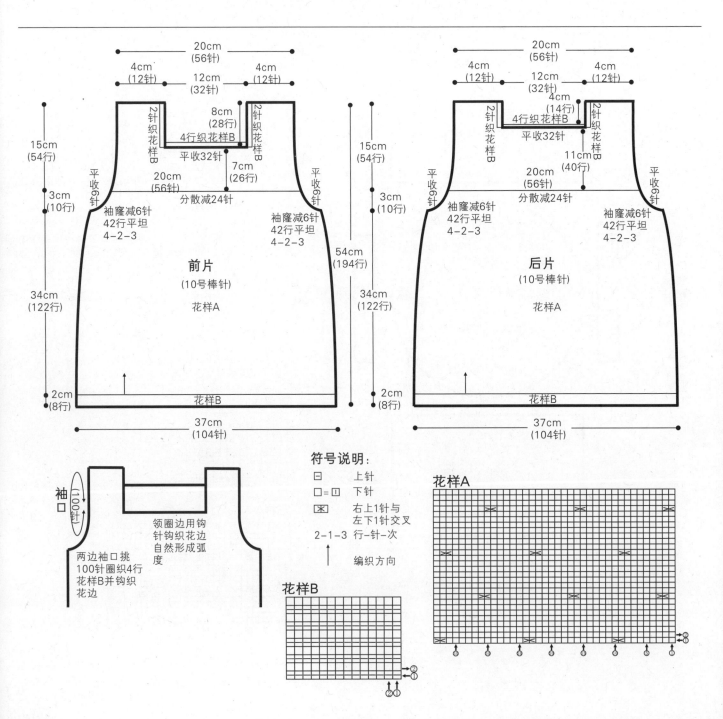

V领连衣裙

【成品规格】 衣长51cm，下摆宽50cm，肩宽22cm
　　　　　　袖长14cm

【工　　具】 10号棒针，缝衣针，钩针

【编织密度】 22针×28行=10cm²

【材　　料】 紫色羊毛线400g，粉红色线少许，后
　　　　　　片V领毛线绳子1根，丝绸花朵5朵

编织要点：

1.毛衣用棒针编织，由1片前片、1片后片和片袖片组成，从下往上编织。

2.先编织前片。(1)用下针起针法起110针，编织全下针，侧缝不用加减针，织78行时，分散减40针，此时针数为70针，继续编织16行至袖隆。(2)袖隆以上的编织。两边袖隆平收3针后减针，方法是每4行减2针减4次，各减8针，不加不减织32行至肩部。(3)同时从袖隆算起织至12行时，开始开领窝，在中间开

始向两边减针，方法是每2行减2针减3次 每4行减2针减3次 每8行减2针减2次，各减16针，至肩部余8针。

3.编织后片。(1)用下针起针法起110针，编织全下针，侧缝不用加减针，织78行时，分散减40针，此时针数为70针，继续编织16行至袖隆。(2)袖隆以上的编织。两边袖隆平收3针后减针，方法是每4行减2针减2次，各减4针，不加不减织40行至肩部。(3)同时在分散减针处开始开领窝，在中间开始向两边减针，方法是每6行减2针减8次，每8行减2针减2次，至肩部余8针。

4.袖片编织。用下针起针法，起48针，织全下针，袖下不用加针，织至14行时，两边平收3针，开始袖山减针，方法是每4行减2针减6次，编织24行至顶部余18针。

5.缝合。将前片的侧缝与后片的侧缝对应缝合。前片的肩部与后片的肩部缝合，两边袖片的袖下缝合后，分别与衣片的袖边缝合。

6.领片编织。领圈边挑184针，织6行单罗纹，并按领口花样图解，编织前后片的V形领。

7.下摆、领口和袖口分别用钩针钩织花边，后片的V领用毛线钩织的绳子穿起来。前片缝上丝绸花朵。毛衣编织完成。

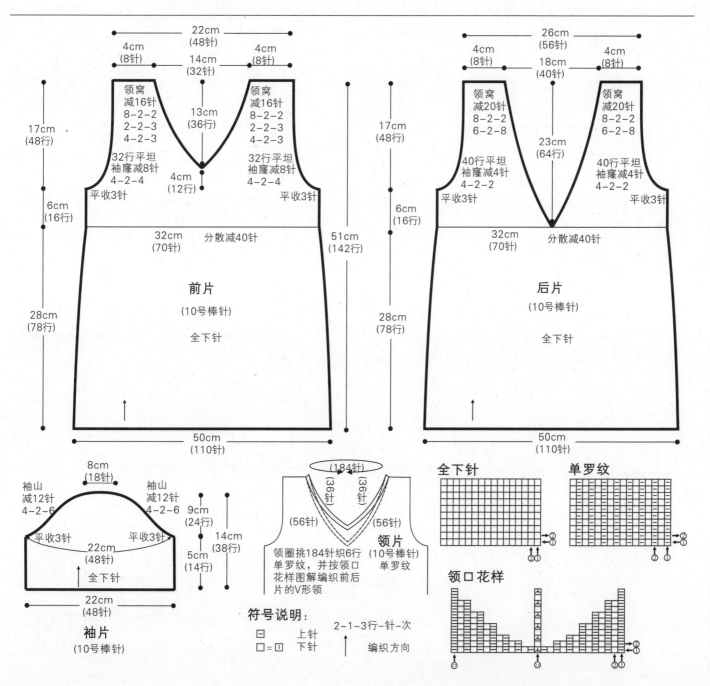

条纹背心

【成品规格】 衣长46cm，下摆宽50cm，肩宽31cm

【工　　具】 10号棒针，缝衣针，钩针

【编织密度】 20针×32行＝10cm²

【材　　料】 玫红色、黑色羊毛线各200g

编织要点：

1. 毛衣用棒针编织，由1片前片、1片后片组成，从下往上编织。
2. 先编织前片。(1) 用下针起针法，起100针，先织6行双罗纹，然后改织全下针，并配色，两边侧缝不

用加减针，织90行时分散减30针，此时针数为70针，开始袖隆以上的编织。(2) 袖隆以上改织花样A，两边平收4针，余下针数不加不减织52行至肩部。(3) 同时从袖隆算起织至26行时，开始开领窝，中间平收26针，两边各减8针，方法是每2行减1针减8次，不加不减织10行至肩部余10针。

3. 后片编织。(1) 袖隆和袖隆以下的织法与前片一样，袖隆以上织全下针。(2) 同时从袖隆算起织至44行时，开始领窝减针，中间平收34针后，两边各减4针，方法是每2行减1针减4次，至肩部余10针。

4. 缝合。将前片的侧缝与后片的侧缝对应缝合。前片的肩部与后片的肩部缝合。

5. 袖口编织。两边袖口分别用钩针钩织花边。

6. 领口编织。领圈边用钩针钩织花边，形成圆领。毛衣编织完成。

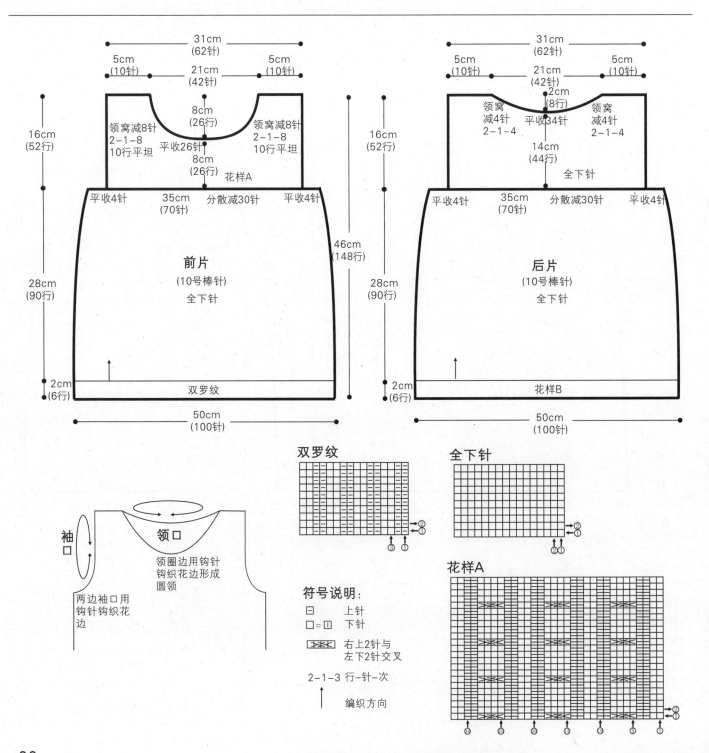

88

温暖套头衫

【成品规格】 衣长48cm，下摆宽33cm，肩宽26cm，袖长37cm

【工　具】 10号棒针，缝衣针

【编织密度】 32针×42行=10cm²

【材　料】 粉红色羊毛线400g

编织要点：

1. 毛衣用棒针编织，由1片前片、1片后片和2片袖片组成，从下往上编织。

2. 先编织前片。(1)用下针起针法起106针，编织16行双罗纹后，改织花样A，侧缝不用加减针，织118行至袖窿。(2)袖窿以上的编织。两边袖窿平收4针后减针，方法是每2行减1针减8次，各减8针，不加不减织52行至肩部。(3)同时织至袖窿算起46行时，开始开领窝，中间平收30针，然后两边减针，方法是每2行减2针减2次，每2行减1针减6次，各减10针，织16行至肩部余16针。

3. 编织后片。(1)用下针起针法起106针，编织16行双罗纹后，改织全下针，侧缝不用加减针，织118行至袖窿。(2)袖窿以上的编织。两边袖窿平收4针后减针，方法是每2行减1针减8次，各减8针，不加不减织52行至肩部。(3)同时织至从袖窿算起56行时，开始开领窝，中间平收38针，然后两边减针，方法是每2行减1针减6次，至12行肩部余16针。

4. 袖片编织。用下针起针法起44针，织12行双罗纹后，改织全下针，袖下加针，方法是每6行加1针加14次，织至92行时，两边平收4针，开始袖山减针，方法是每2行减1针减22次，至顶部余20针。

5. 缝合。将前片的侧缝与后片的侧缝对应缝合。前片的肩部与后片的肩部缝合，两边袖片的袖下缝合后，分别与衣片的袖边缝合。

6. 领片编织。领圈边挑142针，圈织12行双罗纹，形成圆领。毛衣编织完成。

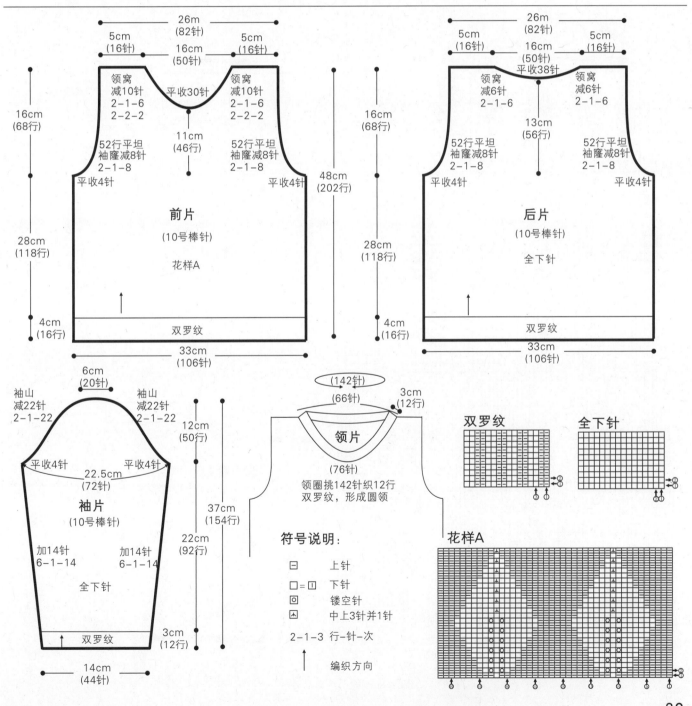

符号说明：

□ 上针
□=□ 下针
○ 镂空针
△ 中上3针并1针

2-1-3 行-针-次

↑ 编织方向

89

橘色连衣裙

【成品规格】	胸宽28.5cm，衣长41.5cm，肩宽21.5cm，袖长33cm
【工　　具】	10号、11号棒针
【编织密度】	28针×37行=10cm²
【材　　料】	羊毛线400g

编织要点:

1.圈织，用11号棒针起220针，织2行单罗纹，换10号棒针，织上针4行，换织花样A，不加不减织18.5cm，再换11号棒针，编织单罗纹3.5cm，换10号棒针，均匀减针至166针，这时编织下针4行到腋下，前后片分开编织。先织后片，按图示，进行袖窿减针，减针方法如图，织至衣长最后1.5cm，按图示进行后领减针，肩留16针，待用。接着编织前片，按图示，进行袖窿减针，织至衣长最后7cm开始领口减针，减针方法如图，肩留16针，待用。

2.袖，用11号棒针起56针，如袖片图，编织单罗纹4.5cm，换10号棒针，编织下针，两侧按图示加针，织至14.5cm时，换11号棒针，编织单罗纹3.5cm，再换10号棒针，编织4行下针到腋下，按图示，进行袖山减针，减针完毕，袖山形成。

3.缝合，分别合并肩线和袖下线，并缝合袖子。

4.领，用11号棒针挑织单罗纹10行。

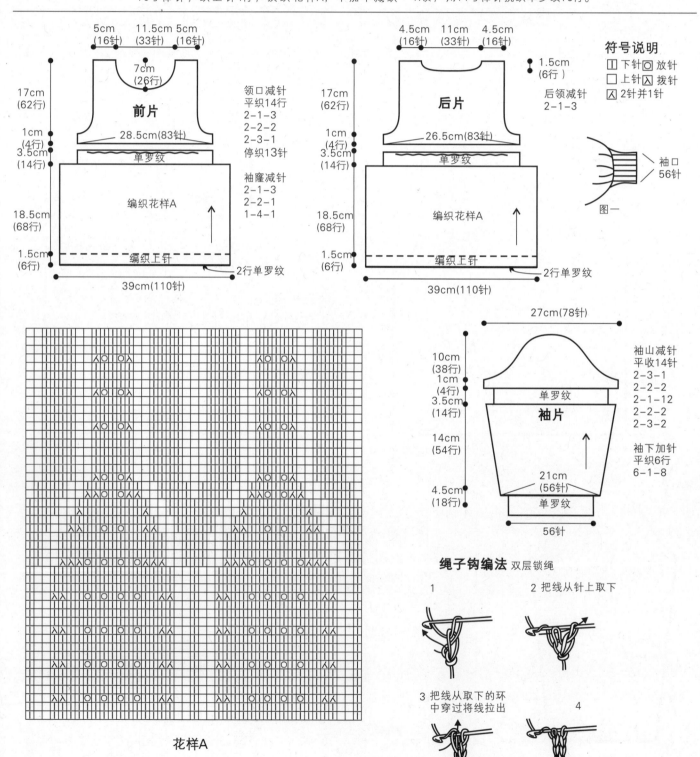

花样A

配色背心裙

【成品规格】 衣长44cm，下摆宽45cm，肩宽22cm

【工　　具】 10号棒针、缝衣针

【编织密度】 22针×28行=10cm²

【材　　料】 玫红色羊毛线400g，白色线等少许

编织要点:

1. 毛衣用棒针编织，由1片前片、1片后片组成，从下往上编织。

2. 先编织前片。(1)用下针起针法，起98针，先织8行花样B，然后改织全下针，并编入图案，两边侧缝不用加减针，织72行时分散减38针，此时针数为60针，开始袖窿以上的编织。(2)袖窿两边平收6针，余下针数不加不减织42行至肩部。(3)同时从袖窿算起织至20行时，开始开领窝织20针，两边各减6针，方法是每2行减1针减6次，不加不减织10行至肩部余8针。

3. 后片编织。(1)袖窿和袖窿以下的织法与前片一样。(2)同时从袖窿算起织至34行时，开始领窝减针，中间平收24针后，两边各减4针，方法是每2行减1针减4次，至肩部余8针。

4. 缝合。将前片的侧缝与后片的侧缝对应缝合。前片的肩部与后片的肩部缝合。

5. 袖口编织。两边袖口分别挑68针，织10行单罗纹。

6. 领口编织。领圈边挑84针，编织10行单罗纹，形成圆领。毛衣编织完成。

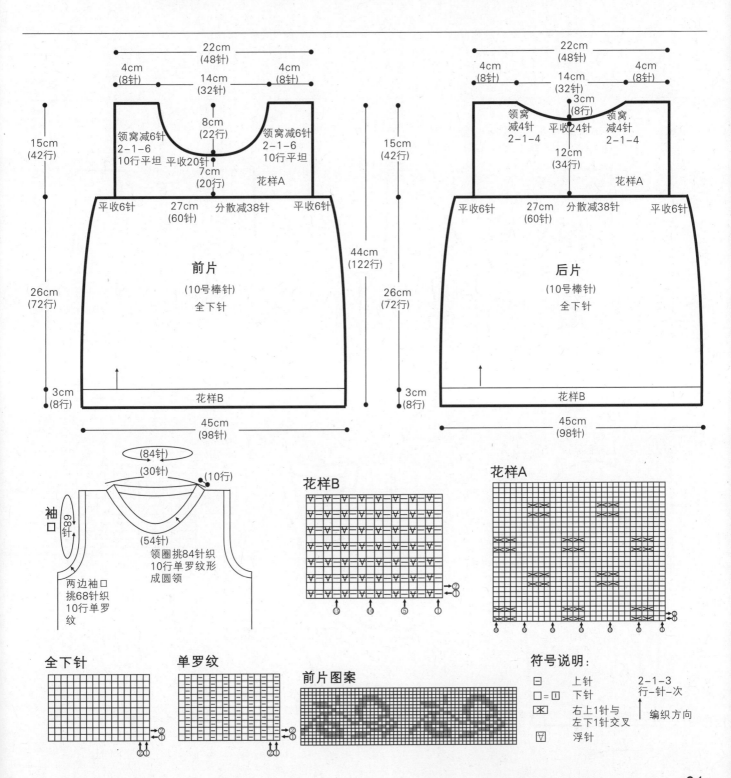

亮丽花朵披肩

【成品规格】 衣长26cm，下摆宽30cm，袖长37cm

【工　　具】 10号棒针，缝衣针

【编织密度】 24针×34行＝10cm²

【材　　料】 黄色羊毛线400g，丝绸花2组，装饰绳子1根

编织要点:

1. 毛衣用棒针编织，由2片前片、1片后片和2片袖片组成，从下往上编织。

2. 先编织前片。分右前片和左前片编织。(1) 右前片，用下针起针法起18针，织全下针，衣角处即加针，方法是每2行减2针减9次，侧缝不用加减针，织至44行至袖隆。(2) 袖隆以上的编织。右侧袖隆减针，方法是每织2行减2针减3次，共减6针，不加不减平织38行至肩部。(3) 同时从袖隆算起织至6行时，开始领窝减针，方法是每2行减1针减14次，不加不减织10行至肩部余12针。(4) 相同的方法，相反的方向编织左前片。

3. 编织后片。(1) 用下针起针法，起72针，织全下针，侧缝不用加减针，织44行至袖隆。(2) 袖隆以上编织。袖隆开始减针，方法与前片袖隆一样。(3) 同时织至从袖隆算起40行时，开后领窝，中间平收24针，两边各减2针，方法是每2行减1针减2次，织至两边肩部余12针。

4. 编织袖片。从袖口织起，用下针起针法，起44针，织全下针，袖侧缝两边各加12针，方法是每8行加1针加12次，编织98行至袖隆。两边袖山平收4针后减针，方法是两边分别每2行减3针减2次，每2行减2针减5次，每2行减1针减6次，共减22针，编织完28行后余16针，收针断线。同样方法编织另一袖片。

5. 缝合。将前片的侧缝与后片的侧缝对应缝合，前后片的肩部对应缝合，再将两袖片的袖下缝合后，袖山边线与衣身的袖隆边对应缝合。

6. 两边门襟至领圈和下摆用钩针钩织花边。

7. 用缝衣针缝上丝绸花，系上装饰绳子。毛衣编织完成。

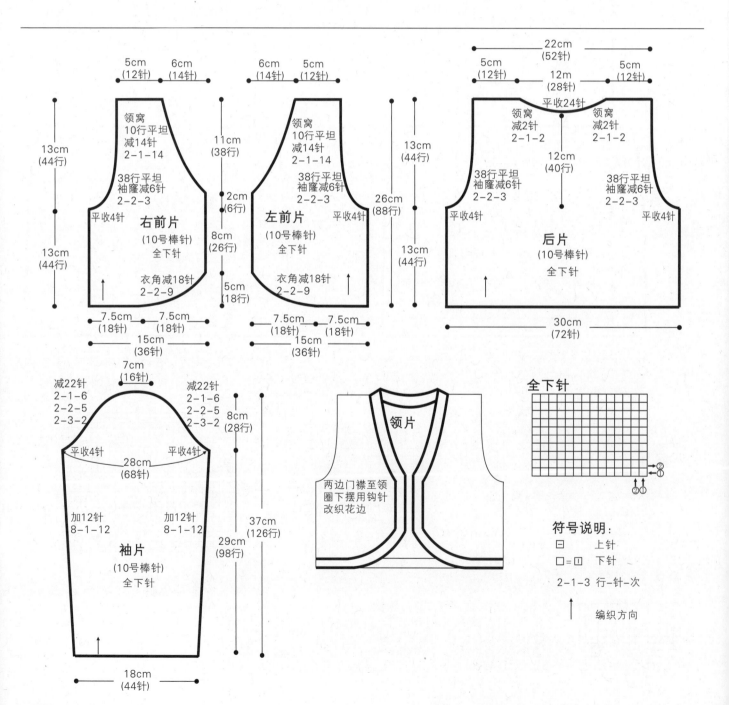

休闲连帽衫

【成品规格】 衣长37cm，下摆宽32cm，袖长30cm

【工　　具】 10号棒针，缝衣针

【编织密度】 20针×24行=10cm²

【材　　料】 灰色羊毛线400g，动物标识1枚，纽扣5枚

编织要点：

1. 毛衣用棒针编织，由2片前片、1片后片和2片袖片组成，从下往上编织。

2. 先编织前片。分右前片和左前片编织。(1) 右前片，用下针起针法起32针，先织6行双罗纹后，改织花样A，侧缝不用加减针，织50行至袖窿。(2) 袖窿以上的编织。袖窿平收4针后，减6针，方法是每织2行减2针减3次。平织26行至肩部。(3) 同时从袖窿算起织至22行时，门襟侧平收4针后，进行领窝减针，方法是每2行减2针减5次，织10行至肩部余8针。(4) 相同的方法，相反的方向编织左前片。

3. 编织后片。(1) 用下针起针法起64针，先织6行双罗纹后，改织花样A，侧缝不用加减针，织50行至袖窿。(2) 袖窿以上编织。袖窿两边各收4针后减针，方法与前片袖窿一样。领窝不用加减针，织32行至肩部余44针。

4. 编织袖片。从袖口织起，下针起针法起36针，先织6行双罗纹后，织全上针，袖下加4针，方法是每10行加1针加4次，编织46行至袖窿。两边分别平收4针后进行袖山减针，方法是每2行减2针减4次，每2行减1针减6次，织完20行后余8针，收针断线。同样方法编织另一袖片。

5. 缝合。将前片的侧缝与后片的侧缝对应缝合，前后片的肩部对应缝合，再将两袖片的袖山边线与衣身的袖窿边对应缝合。

6. 帽子编织。领圈边挑72针，织56行全上针，顶部A与B缝合，形成帽子。

7. 两边门襟至帽沿挑236针，编织8行双罗纹，右门襟均匀地开扣眼。

8. 用缝衣针缝上纽扣和动物标识。衣服编织完成。

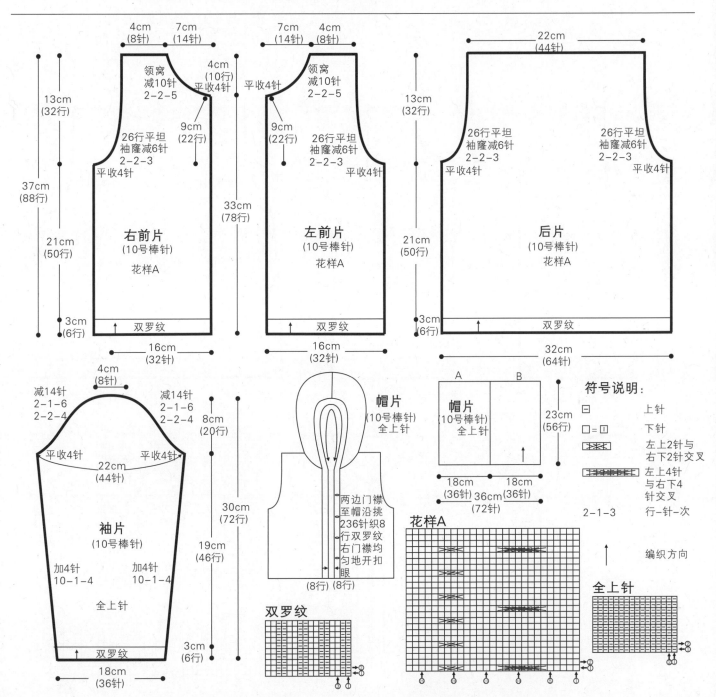

蓝色复古小外套

【成品规格】 衣长39cm，下摆宽44cm，袖长32cm

【工具】 10号棒针，缝衣针

【编织密度】 20针×28行=10cm²

【材料】 天蓝色羊毛线400g，白色、深蓝色各少许，纽扣5枚

编织要点:

1. 毛衣用棒针编织，由2片前片、1片后片、2片袖片组成，从下往上编织。

2. 先编织前片。分右前片和左前片编织。(1) 右前片，用下针起针法起44针，先织28行花样A后，改织全下针，并编入图案，侧缝不用加减针，织54行至袖隆。(2) 袖隆以上的编织。右侧袖隆减针，方法是每织2行减1针减6次，共减6针。(3) 同时从袖隆算起织至6行时，分散减12针，此时针数为28针，继续编织。(4) 再织至16行时，开始领窝减针，门襟平收6针后减针，方法是每2行减1针减12次，织26行至肩部余

10针。(4) 相同的方法，相反的方向编织左前片。

3. 编织后片。(1) 用下针起针法起88针，先织8行花样A后，改织全下针，并编入图案，侧缝不用加减针，织54行至袖隆。(2) 袖隆以上编织。袖隆开始减针，方法与前片袖隆一样。(3) 同时从袖隆算起织至6行时，分散减24针，此时针数为56针，继续编织。(4) 再织至36行时，开后领窝，中间平收30针，两边各减3针，方法是每2行减1针减3次，织至两边肩部余10针。

4. 编织袖片。从袖口织起，用下针起针法，起40针，先织8行花样A后，改织全下针，并编入图案，袖下两边加8针，方法是每6行加1针加8次，编织54行至袖隆。开始两边袖山减针，方法是两边分别每2行减3针减2次，每2行减2针减3次，每2行减1针减8次，共减20针，编织完28行后余16针，收针断线。同样方法编织另一袖片。

5. 缝合。将前片的侧缝与后片的侧缝对应缝合，前后片的肩部对应缝合，再将两袖片的袖下缝合后，袖山边线与衣身的袖隆边对应缝合。

6. 门襟编织。两边门襟分别挑58针，织8行花样A，左边门襟均匀地开扣眼。

7. 领子编织。领圈边挑78针，织8行花样A，形成开襟圆领。

8. 用缝衣针缝上纽扣，衣服编织完成。

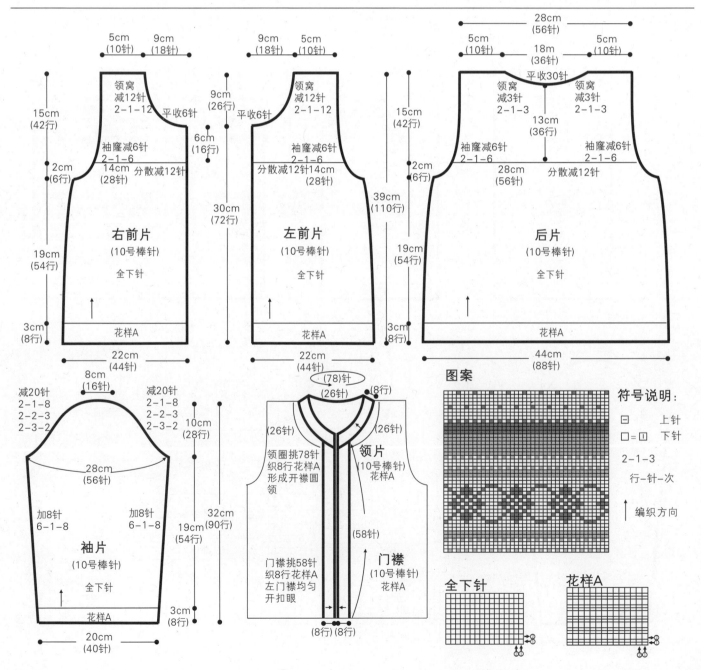

紫色花边上衣

【成品规格】 衣长44cm，下摆宽31cm，肩宽20cm，袖长35cm

【工　　具】 10号棒针，缝衣针，钩针

【编织密度】 30针×36行=10cm²

【材　　料】 紫色羊毛线400g，红色线少许，纽扣1枚

编织要点:

1. 毛衣用棒针编织，由1片前片、1片后片、2片袖片组成，从下往上编织。

2. 先编织前片。(1) 先织一层。用红色线，下针起针法起196针，织花样B，并按花样B减120针，织26行时，针数余76针，不用减针待用。(2)织二层。用紫色线，下针起针法起196针，织花样B减针，织18行时针数为76针，一层在内侧，与二层合并编织，形成双层蛋糕裙边，继续编织，改织花样A，同时分散加8针织84针，侧缝不用加减针，织68行至袖隆。(3)袖隆以上的编织。两边袖隆平收4针后减针，方法是每2行减2针减4次，各减8针，不加不

减织56行至肩部。(4)同时织至袖隆算起28行时，开始开领窝，以中间为中点，然后两边减针，方法是每2行减2针减4次，每2行减1针减7次，各减17针，不加不减织36行至肩部余15针。

3. 编织后片。(1) 袖隆和袖隆以下的蛋糕裙边的编织方法与前片一样。(2) 同时织至袖隆算起38行时，把织片分左右两片编织，左片33针，(其中门襟6针改织单罗纹)，右片在左片门襟的6针内侧挑6针，与剩下的针数共33针，分别编织12行后开始领窝减针，方法是每2行减2针减6次，织14行至肩部余15针。

4. 袖片编织。用下针起针法起76针，织18行花样B，并配色，按花样B减针至42针，然后分散加14针至56针，并改织花样A，袖下加针，方法是每12行加1针加6次，织至72行时，两边平收4针，开始袖山减针，方法是每2行减1针减18次，织36行至顶部余24针。

5. 缝合。将前片的侧缝与后片的侧缝对应缝合。前片的肩部与后片的肩部缝合，两边袖片的袖下缝合后，分别与衣片的袖孔缝合。

6. 领片编织。领圈边分左片和右片编织，分别挑48针，片织24行花样C，形成中分翻领。

7. 领边用钩针钩织花边。缝上后片袖口，毛衣编织完成。

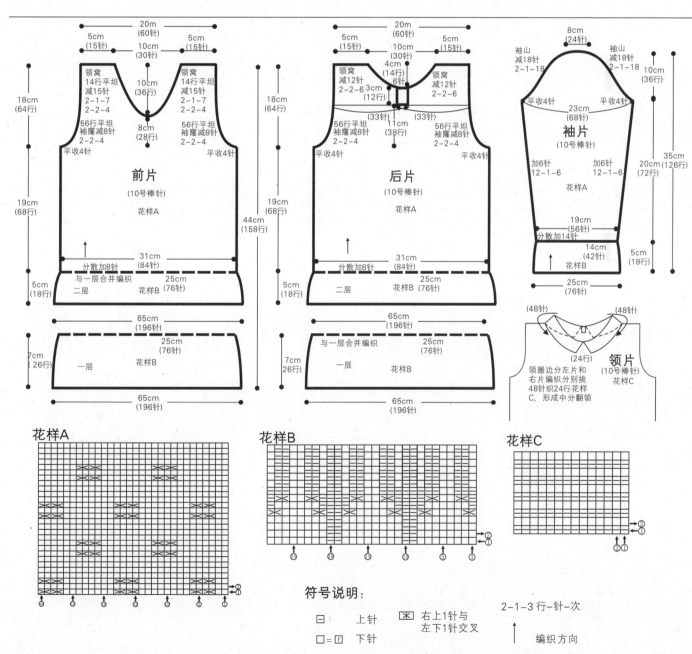

优雅连衣裙

【成品规格】 胸围52cm，肩宽20cm，裙长44cm

【工　具】 12号棒针，12号环形针

【编织密度】 30针×40行=10cm²

【材　料】 宝宝绒线共350g，黑夜蓝色300g，浅灰色50g

编织要点：

1. 棒针编织法，前后裙片一起编织。起织，下针起针法，用浅灰色线起288针，首尾连接环形编织，编织下针15行，第16行编织时先将织片对折8行向内翻成双边，合成时采用上下2针并1针的方法，即每间隔1针在对应的起头边处挑出1针和上面的1针并为1针。这样正面就为8行。

2. 第9行换深蓝色线编织下针，不加减针编织下针20cm80行后，裙片部分完成。第80行编织时进行缩针，即将288针均匀并织成168针。

3. 第89行开始编织裙腰，裙腰编织花样A，共编织4cm，16行。

4. 第105行开始编织下针，不加减针编织10行，袖窿以下部分完成。将针数对半分配，分片来回编织，先编织后身片部分，后身片用84针编织，织片两侧需要同时减针织成袖窿，减针方法为平收4针后2-1-8，两侧针数各减少12针，余下60针继续编织，两侧

不再加减针，织至第170行开始减后领窝，方法是在织片中间平收16针，然后两边减针2-2-3，编织至44cm，176行后每边肩部剩余针数16针，收针断线。

5. 编织前身片部分，前身片用84针编织，织片两侧需要同时减针织成袖窿，减针方法为平收4针后2-1-8，两侧针数各减少12针，余下60针继续编织，两侧不再加减针，织至第122行开始减前领窝，方法是从织片中间对分向两边减针，减针方法为1-1-1，4-1-13，编织至44cm，176行后每边肩部剩余针数16针，收针断线。

衣袖片制作说明：

1. 两片衣袖片，分别单独编织。

2. 从袖山处起织，起23针，按袖片花样图解编织，编织6行上针，第7行增加编织花样，方法是第9针1针放出7针，第12针1针放出9针，第15针1针放出7针，其余针数编织上针，袖片编织时在两侧同时加针，加针方法为2-1-12，加至25时针数为47针，收针断线。

3. 同样的方法再编织另一衣袖片。

4. 将两袖片的袖山与衣身的袖窿线边对应缝合。

袖边/领边/绣花制作说明

1. 袖边，棒针编织法，用浅灰色线沿袖窿及袖边挑86针。环形编织，全上针编织4行，上针收针断线。两边袖口相同编织。

2. 领边，棒针编织法，用深蓝色线沿着前后身片形成的领窝均匀挑140针，环形编织单罗纹6行，第7行将后领窝的30针用单罗纹收针，剩余的前领边每1针放3针，第8行换浅灰色线来回编织正面下针，共编织4行，收针断线。

3. 用浅灰色线在前后裙片上按十字绣图案绣制花样。

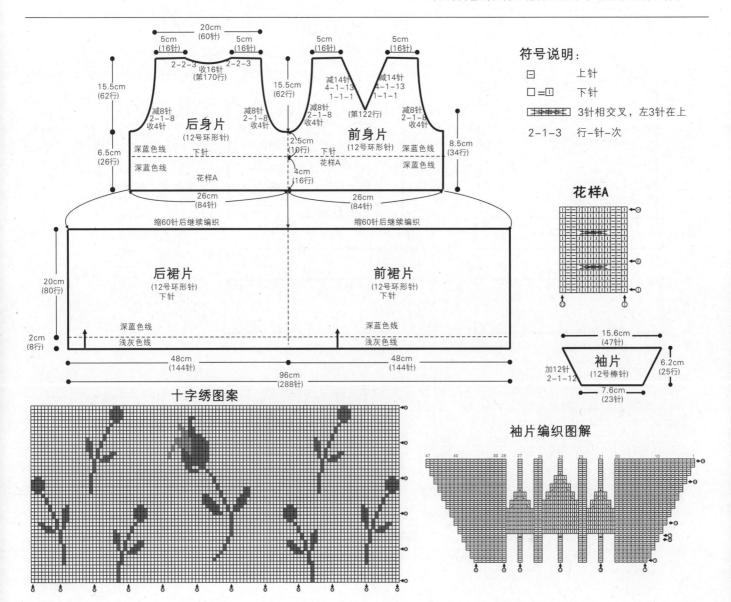

符号说明：

| □ | 上针 |
| □=□ | 下针 |

3针相交叉，左3针在上

2-1-3　行-针-次

花样A

袖片（12号棒针）

袖片编织图解

十字绣图案

花朵背心

【成品规格】 衣长42cm，胸围72cm

【工　　具】 10号、12号棒针，4.0mm号钩针

【编织密度】 28针×39行＝10cm²

【材　　料】 粉色毛线200g，纽扣4枚

编织要点：

1.后片，用12号棒针起100针织扭针单罗纹16行后，换10号棒针织平针，织25cm开挂肩，腋下各平收6针，再按图示减针，后领窝留1cm，收领窝的同时两边织扭针单罗纹，每个肩开两个扣眼。

2.前片，织法同后片。开挂肩后开始织花样，领窝留8cm，中心平收12针，其余按图示减针，最后织6行扭针单罗纹。

3.领、袖、领口挑108针，用12号棒针织扭针单罗纹10行；袖口各挑106针，织法同领。

4.钩花，前片沿花样的第一行钩花样，另钩5朵小花固定；缝合纽扣，完成。

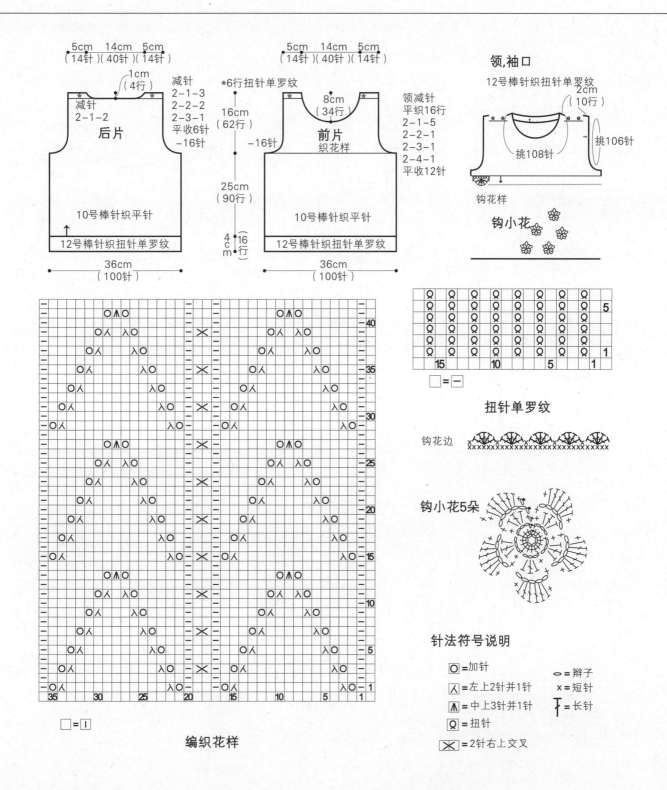

后片

5cm 14cm 5cm
（14针）（40针）（14针）

1cm
（4行）

减针
2-1-3
2-2-2
2-3-1
平收6针
－16针

减针
2-1-2

10号棒针织平针

12号棒针织扭针单罗纹

36cm
（100针）

前片 织花样

5cm 14cm 5cm
（14针）（40针）（14针）

8cm
（34行）

*6行扭针单罗纹

16cm
（62行）

领减针
平织16行
2-1-5
2-2-1
2-3-1
2-4-1
平收12针

－16针

25cm
（90行）

4cm（16行）

10号棒针织平针

12号棒针织扭针单罗纹

36cm
（100针）

领,袖口

12号棒针织扭针单罗纹

2cm
（10行）

挑108针

挑106针

钩花样

钩小花

扭针单罗纹

□＝Ι

钩花边

钩小花5朵

针法符号说明

Ο＝加针

人＝左上2针并1针

Λ＝中上3针并1针

Ω＝扭针

✕＝2针右上交叉

ο＝辫子

x＝短针

Ŧ＝长针

□＝Ι

编织花样

紫色背心裙

【成品规格】 衣长48cm，下摆宽33cm，肩宽21cm

【工　具】 10号棒针，缝衣针，钩针

【编织密度】 34针×52行=10cm²

【材　料】 浅紫色羊毛线400g

编织要点:

1. 毛衣用棒针编织，由1片前片、1片后片，从下往上编织。

2. 先编织前片。(1) 用下针起针法，起108针，把108针分3部分，分别为34针、40针、34针，两边34针织花样B，中间40针织花样A，往上编织，侧缝不用加减针，织156行时，开始袖窿以上的编织。(2) 袖窿两边平收6针，然后减针，方法是每2行减2针减6次，余下针数不加不减织82行至肩部。(3) 同时从袖窿算起织至62行时，开始开领窝，把中间的40针花样A分两边编织，并在花样A的外侧减针，两边各减16针，方法是每4行减2针减8次 至肩部余花样A的20针。

3. 后片编织。(1) 用下针起针法起108针，织花样B，侧缝不用加减针，织156行至袖窿。(2) 袖窿两边平收6针，然后减针，方法是每2行减2针减6次，余下针数不加不减织82行至肩部。(3) 从袖窿算起织至84行时，开始领窝减针，中间平收22针后，两边各减5针，方法是每2行减1针减5次，至肩部余20针。

4. 缝合。将前片的侧缝与后片的侧缝对应缝合。前片的肩部与后片的肩部缝合。

5. 袖口编织。两边袖口分别挑104针，圈织10行双罗纹。

6. 领子编织。领圈边用钩针钩织花边，形成圆领。衣服编织完成。

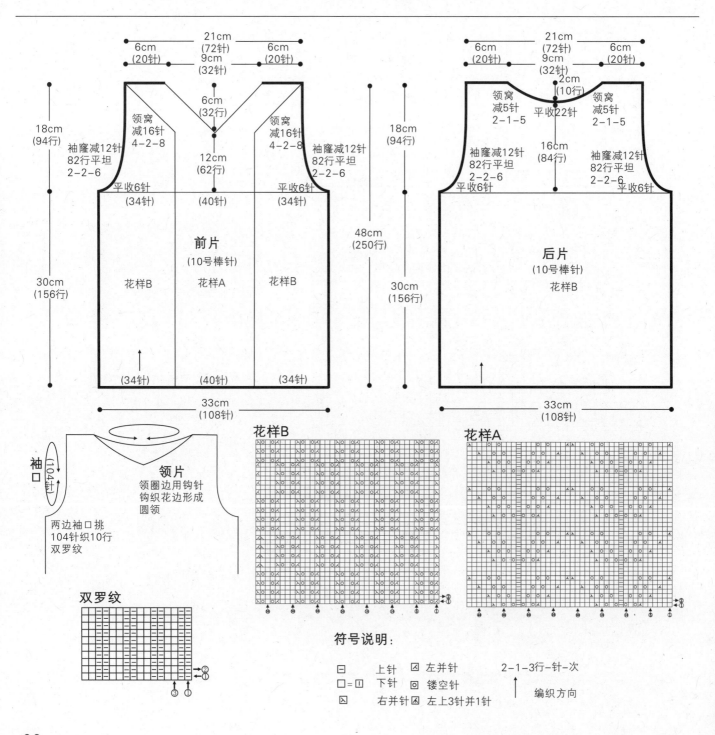

双罗纹

符号说明:

□ 上针　　☒ 左并针　　2-1-3行-针-次
□=□ 下针　　回 镂空针　　编织方向
☒ 右并针　　☒ 左上3针并1针

艳丽韩式套头衫

【成品规格】 衣长46cm，下摆宽54cm，肩宽29cm，袖长35cm

【工 具】 10号棒针，缝衣针

【编织密度】 18针×28行=10cm²

【材 料】 黄色羊毛线200g，玫红色羊毛线100g

编织要点：

1. 毛衣用棒针编织，由1片前片、1片后片和2片袖片组成，从下往上编织。

2. 先编织前片。(1)用黄色线，下针起针法，起96针，先织8行花样A后，改织全下针，侧缝不用加减针，织76行至袖窿，并分散减34针，此时针数为62针。(2)袖窿以上的编织。改用玫红色线，袖窿两边平收4针，余下针数不加不减织44行至肩部。(3)同时开

始领窝减针，分两边编织，领窝各减18针，方法是每2行减1针减18次，共减18针，不加不减织8行至肩部余9针。

3. 后片编织。(1)用黄色线，下针起针法，起96针，先织8行单罗纹后，改织全下针，侧缝不用加减针，织76行至袖窿，并分散减34针，此时针数为62针。(2)袖窿以上编织。改用玫红色线，织片改织花样A，袖窿两边平收4针，余下针数不加不减织44行至肩部。不用开领窝至肩部余54针。

4. 袖片编织。从袖口织起，用黄色线，下针起针法起44针，织6行花样A后，改织单罗纹，袖下不用加减针，两边平收4针后，进行袖山减针，方法是每2行减2针减1次，每2行减1针减12次，织26行至顶部余20针。同样方法编织另一袖片。

5. 缝合。将前片的侧缝与后片的侧缝对应缝合。前后片的侧缝缝合，两袖片的袖下缝合后，与衣片的袖窿边缝合。

6. 领子编织。用黄色线，领圈边另织一个长方形，起10针织148行单罗纹缝合领圈边，底部重叠，形成叠V领。

7. 缝上丝带，衣服编织完成。

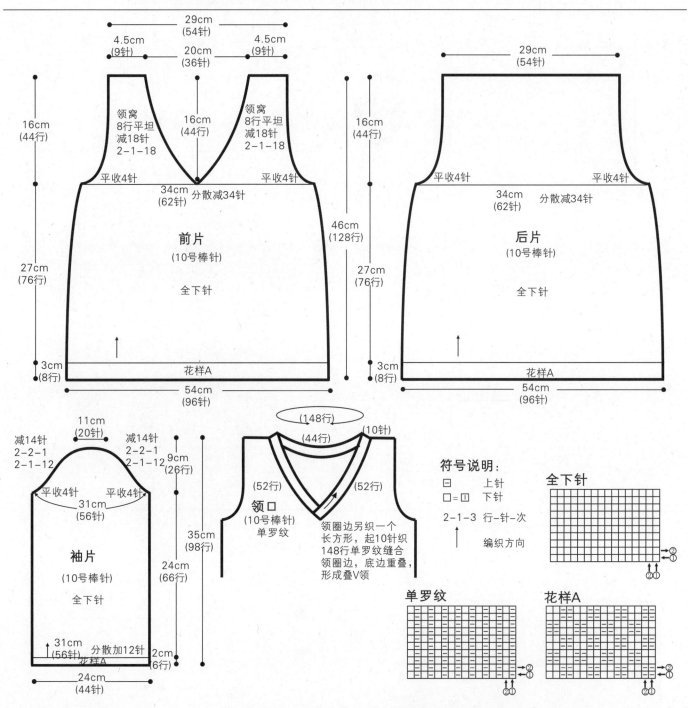

爱心套头衫

【成品规格】 衣长36cm，胸围60cm，袖长24cm
【工　　具】 9号棒针
【编织密度】 20针×24行=10cm²
【材　　料】 白色毛巾线200g，红色毛巾线少许

1.后片，织白色。起62针织起伏52行开挂肩，腋下各平收3针，再依次减针，织34行平收。
2.前片，织法同后片。织20行后在中心位置织入红色心形图案。领窝留4.5cm，中心平收13针，两侧依次减针至完成。
3.袖，起14针两侧加针织出袖山后，袖筒依次减针，最后平织4行。
衣服整体起伏针织成，不用再挑针织领，缝合各片，整理完成。

编织要点：

整个衣服织起伏针，前片中心嵌织红色心形图案。

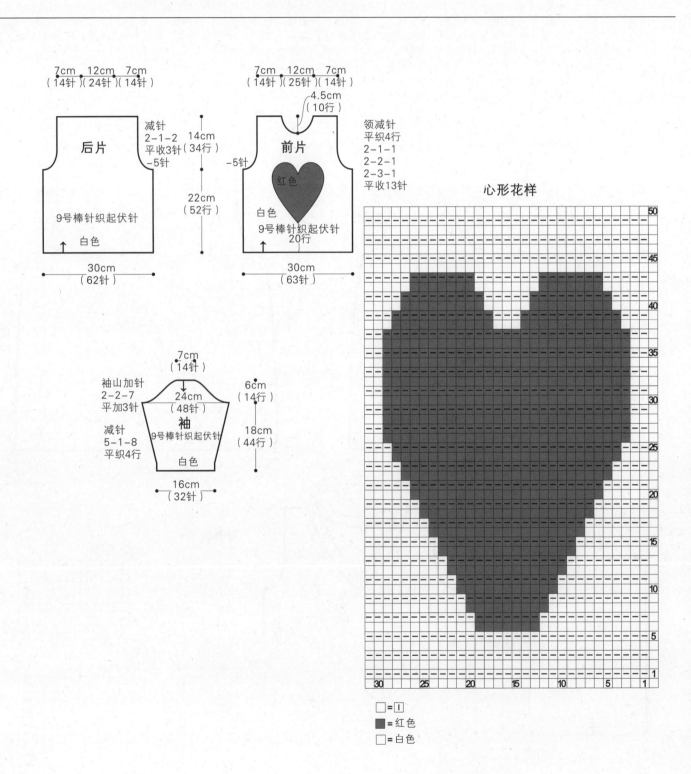

□=|
■=红色
□=白色

彩球毛衣外套

【成品规格】 衣长40cm，胸宽40cm，肩宽37cm，袖长22cm

【工　　具】 8号棒针，8号环形针

【编织密度】 15针×20行=10cm²

【材　　料】 绿色毛巾线400g，白色30g，各种颜色少许

编织要点:

1.棒针编织法。袖窿以下一片编织，袖窿以上分为左右前片和后片各自编织。

2.袖窿以下的织法。下针起针法，起116针，起织下针，不加减针，织成40行时，下一行在两边开始减前衣领边，每2行减1针，减5针后，即织成50行时，至袖窿，下一行分片，左右前片各23针，后片60针，先编织后片，两边同时减针，2-1-3，织成袖窿算起26行的高度时，下一行中间收针26针，两边减针，2-1-2，至肩部余下12针，收针断线。再编织右前片，左侧袖窿减针，2-1-3，右侧继续前衣领减针，再减8针后，针数余下12针，不加减针，织14行至肩部，收针断线。相同的方法编织左前片。将前后片的肩部对应缝合。最后用白色线，沿着左右衣襟边，前后衣领边，挑针编织下针，织4行后收针断线。

3.袖片织法。下针起针法，起32针，起织下针，并在两边袖侧缝上加针，4-1-8，再织4行至袖山减针，两边同时减针，1-1-8，织成8行后，余下32针，收针断线。相同的方法再去编织另一个袖片。将两个袖山边线与衣身的袖窿边线对应缝合。再将袖侧缝缝合。用不同颜色的毛线，制作数个毛线球，缝于衣身适当位置。

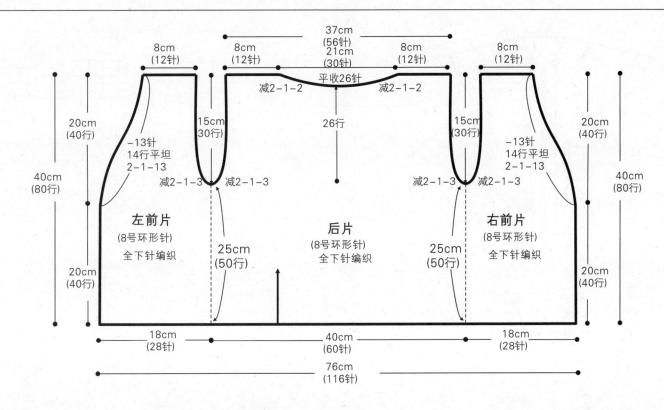

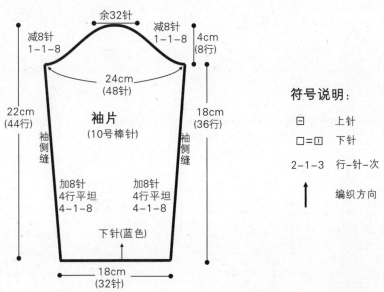

符号说明:

▢　　上针

▢=▢　下针

2-1-3　行-针-次

↑　　编织方向

橘色小外套

【成品规格】 衣长41cm，下摆宽42cm，袖长41cm

【工　　具】 10号棒针，缝衣针

【编织密度】 20针×28行＝10cm²

【材　　料】 橘色羊毛线400g，纽扣5枚

编织要点:

1.毛衣用棒针编织，由2片前片、1片后片和2片袖片组成，从上往下编织。

2.先织肩部环形片部分。(1)从领口织起领口用下针起针法起82针，织6行单罗纹，然后织中间的52针，并织2行向两边织出1针，至把82针单罗纹织完，领口

完成。(2)继续编织花样A，并按花样A分3层加针，织完40行花样A后，总数为272针，环形部分完成。

3.开始分出2片前片、1片后片和2片袖片。(1)前片编织，分左前片和右前片编织。左前片分出34针，在袖隆处加4针为38针，编织全下针，侧缝不用加减针，织至56行时，改织12行花样B，再改织8行花样C，收针断线。同样方法，反方向编织右前片。(2)后片编织，分出76针，在两边袖隆处各加4针为84针，编织全下针，侧缝不用加减针，织至56行时，改织12行花样B，再改织8行花样C，收针断线。(3)袖片编织，左袖片分出64针，两边各加4针为72针，编织全下针，袖下减针，方法是每6行减1针减8次，织至56行时，改织12行花样B，再改织8行花样C，收针断线。同样方法编织右袖片。

4.缝合。将两前片的侧缝和后片的侧缝缝合。两袖片的袖下分别缝合。

5.用缝衣针缝上纽扣。毛衣编织完成。

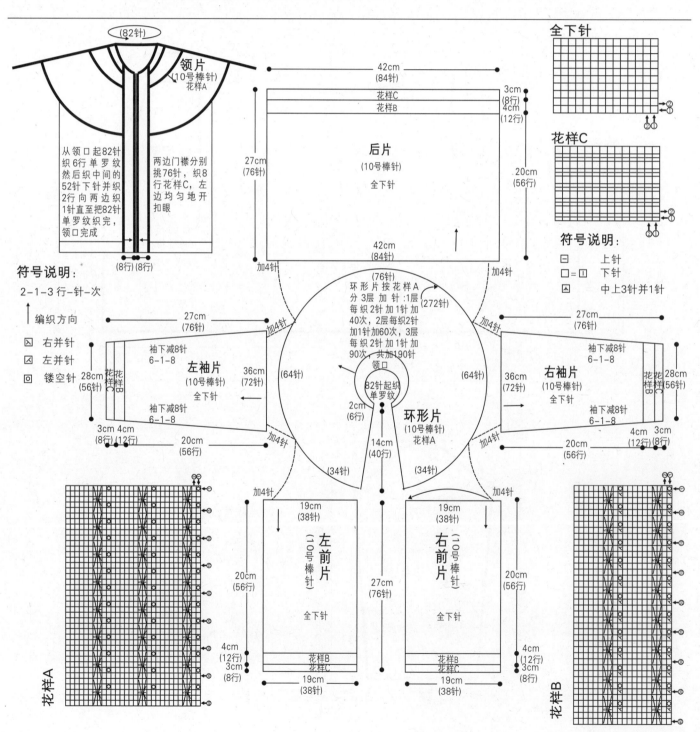

牛角扣连帽外套

【成品规格】 衣长42cm，胸宽28cm，肩宽18cm，袖长32cm

【工　　具】 9号棒针

【编织密度】 24针×32行=10cm²

【材　　料】 白色羊毛线600g

编织要点:

1.棒针编织法。由左右前片与后片和2个袖片组成。

2.前后片织法。前片分为左前片和右前片，以右前片为例说明。(1)右前片的编织，下针起针法，起45针，起织花样A搓板针，织8行的高度，下一行排花型，右边6针始终编织花样A，相隔24针制作1个扣眼。余下排花样B编织，并在侧缝上减针，10-1-6，再织2行花样B结束，针数减少为33针花样B。下一行将花样B改为编织花样C双罗纹针，不加减针织10行的高度。下一行起，花样C改织花样D，不加减针，织10行后至袖窿，下一行起左侧袖窿减针，先收针4针，然后2-2-1，2-1-3，衣襟不加减针，减

针行织成8行，不加减针，再织52行至肩部，下一行将左侧14针收针，余下的16针不收针。相同的方法去编织左前片。(2)后片起针78针，织花样A8行，下一行全织花样B，并在两侧侧缝上减针，方法与前片相同，织62行后，针数减少为66针，下一行改织花样C，织10行，然后再改织花样D，不加减针，织10行至袖窿，下一行起袖窿减针，方法与前片相同，减针后，再织52行至肩部，将两边的14针收针，中间留20针，起织帽片。将前后片的肩部对应缝合，再将侧缝对应缝合。

3.袖片织法。下针起针法，起46针，起织花样A，织10行，下一行排花型编织。两边各取18针，起织上针，中间10针，编织花b。并在两边袖侧缝上加针编织，加上针，8-1-8，织成64行，不加减针，再织8行至袖山减针，下一行两边收针4针，然后1-1-8，2-1-8，各减少20针，余下22针，收针断线。相同的方法再去编织另一个袖片。将两个袖山边线与衣身的袖窿边线对应缝合。再将袖侧缝缝合。

4.帽片织法。将衣领未收针的针数作一片起织，两边6针花样A照织，中间花样延续编织，但在后衣领中间的2针上针上进行加针编织，始终在花a的最近1针上加针，2-1-15，不加减针，织24行后，在织片最中间的2针上进行减针，2-1-8，两边各余下37针，对称对折缝合。衣服完成。

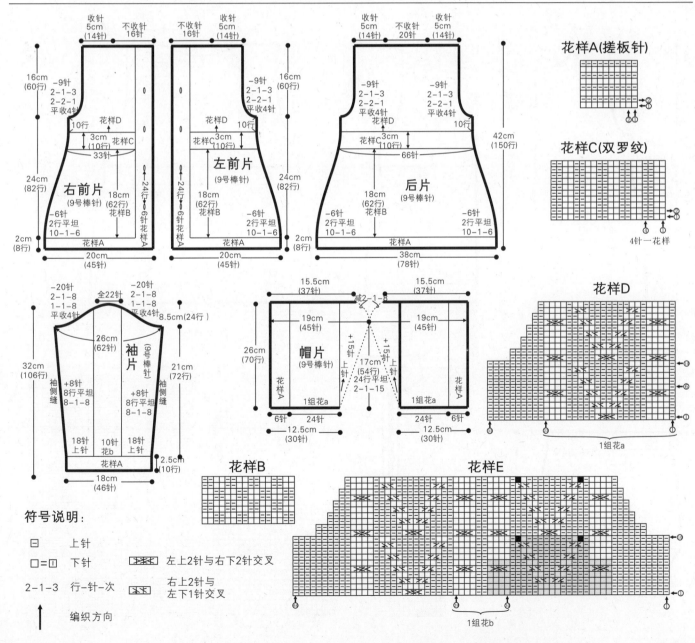

符号说明:

口	上针

口=Ⅱ　下针

2-1-3　行-针-次

↑　编织方向

左上2针与右下2针交叉

右上2针与左下1针交叉

103

修身中长款外套

【成品规格】 衣长58cm，下摆宽40cm，袖长48cm

【工　　具】 10号棒针，缝衣针

【编织密度】 22针×26行=10cm²

【材　　料】 粉红色段染羊毛线400g，拉链1条

编织要点:

1. 毛衣用棒针编织，由2片前片、1片后片和2片袖片组成，从下往上编织。

2. 先编织前片。分右前片和左前片编织。(1) 右前片，用下针起针法起44针，先织16行花样A后，改织全下针，侧缝不用加减针，织至58行时打皱褶成34针，并改织16行花样A，再改织花样B，织20行至袖窿。(2) 袖窿以上的编织。右侧袖窿平收6针后减针，方法是每织4行减2针减3次，共减6针，不加不减平织28行至袖窿。(3) 同时从袖窿算起织至32行时，门襟处平收6针后，开始领窝减针，方法是每2行减2针减4次，共减4针，织8行至肩部余8针。(4) 相同的

方法，相反的方向编织左前片。

3. 编织后片。(1) 用下针起针法，起88针，先织16行花样A后，改织全下针，侧缝不用加减针，织58行时，打皱褶成68针，并改织16行花样A，再改织全下针，织20行至袖窿。(2) 袖窿以上编织。袖窿开始减针，方法与前片袖窿一样。(3) 同时织至从袖窿算起32行时，开后领窝，中间平收20针，两边各减4针，方法是每2行减1针减4次，织8行至两边肩部余8针。

4. 编织袖片。从袖口织起，用下针起针法，起40针，先织14行花样A后，改织全下针，并分散加12针至52针，袖侧缝不用加减针，织42行时，打皱褶成40针，并改织16行花样A，再改织全下针，织20行至袖窿。开始两边平收5针，进行袖山减针，方法是两边分别每4行减2针减4次，各减8针，不加不减织10行余14针，收针断线。同样方法编织另一袖片。

5. 缝合。将前片的侧缝与后片的侧缝对应缝合，前后片的肩部对应缝合，再将两袖片的袖下缝合后，袖山边线与衣身的袖窿边对应缝合。

6. 领子编织。领圈边挑106针，织40行花样A，形成开襟翻领。

7. 门襟编织。两边门襟分别挑172针，织10行双罗纹，形成拉链边。

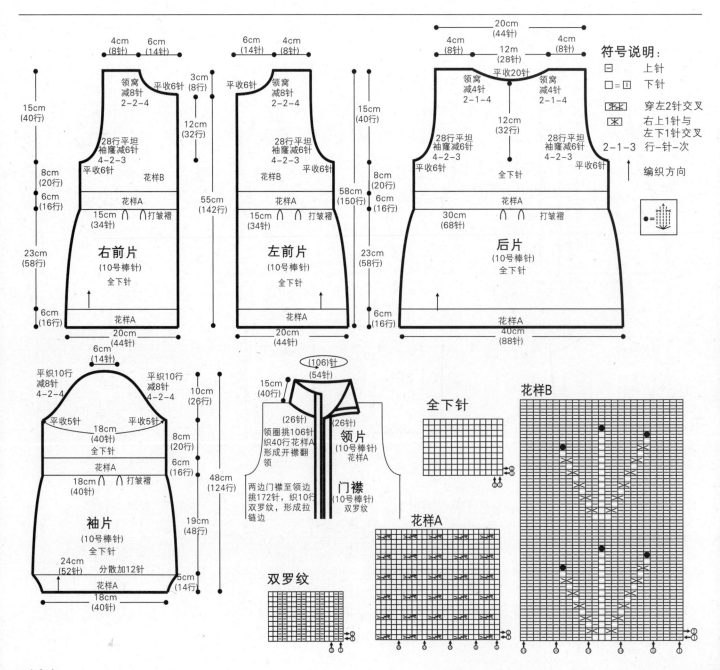

紫色淑女外套

【成品规格】 衣长45cm，胸宽33cm，肩宽30cm，袖长29cm

【工　　具】 6号棒针

【编织密度】 15针×20行=10cm²

【材　　料】 蓝色毛巾线400g，白色50g

编织要点：

1.棒针编织法。由前片2片与后片和2个袖片组成。
2.前后片织法。(1) 前片的编织，由左前片和右前片组成。以右前片为例说明。下针起针法，起34针，起织花样A搓板针，织4行，下一行起，全织下针，不加减针，织20行，在最后一行里，分散收针14针，针数减少为20针，下一行改用白色线编织下针，织4行，再在下一行改回蓝色线，继续织下针，不加减

针，织30行的高度至袖窿。下一行袖窿起减针，左侧2-1-3，减少3针，衣领同步减针，2-1-7，不加减针，再织16行到肩部，余下10针，收针断线。相同的方法，相反的减针方向，去编织左前片。(2) 后片起76针，起织花样A4行，然后全织下针，织20行，在最后一行里，分散收针26针，针数减少为50针，改用白色线编织下针，织4行，再在下一行改回蓝色线继续编织下针，再织30行至袖窿，袖窿起减针与前片相同，当织成袖窿算起26行的高度时，下一行中间收针20针，在两边减针2-1-2，至肩部余下10针，收针断线。将前后片的肩部对应缝合，再将侧缝对应缝合。
3.袖片织法。下针起针法，起30针，起织花样A，织4行的高度。下一行起，全织下针，在两边加针，8-1-5，加成40针，下一行起织山减针，1-1-16，织成16行高，余下8针，收针断线。相同的方法再去编织另一个袖片。将两个袖山边线与衣身的袖窿边线对应缝合。再将袖侧缝缝合。
4.用白色线，沿着前后衣领边和衣襟边，钩织1行短针锁边。衣服完成。

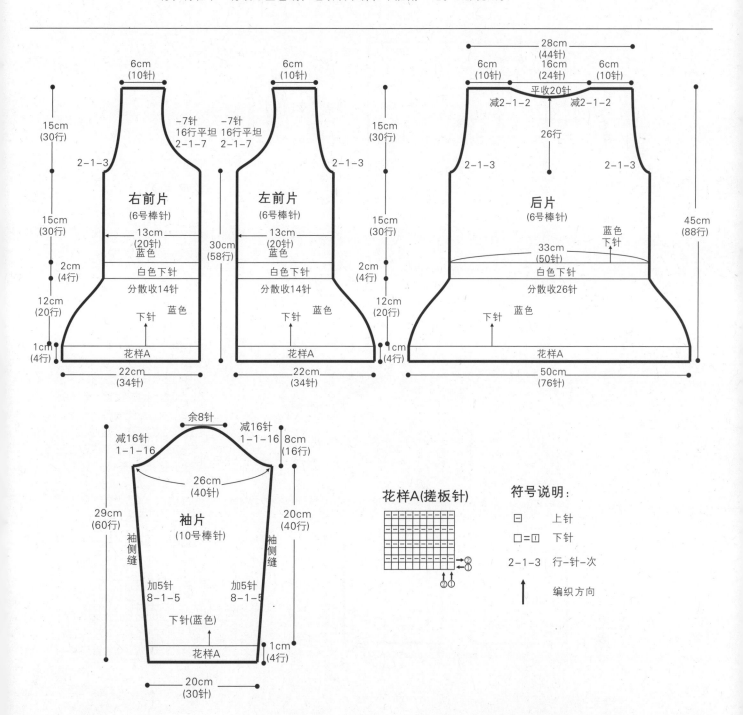

花样A(搓板针)

符号说明：

□	上针
□=□	下针
2-1-3	行-针-次
↑	编织方向

清爽短袖衫

【成品规格】 衣长42cm，下摆宽33cm，连肩袖长17cm

【工　　具】 10号棒针、缝衣针

【编织密度】 36针×44行=10cm²

【材　　料】 枚红色羊毛线400g，纽扣3枚

编织要点:

1. 毛衣用棒针编织，由2片前片、1片后片和2片袖片组成，从下往上编织。

2. 先编织前片。(1) 左前片。用下针起针法，起64针，先织18行花样B后，改织花样A，侧缝不用加减针，织114行至插肩袖隆。(2) 袖隆以上的编织。袖隆减28针，方法是每2行减2减28次，织52行至肩部。(3) 同时从袖隆算起织至38行时，门襟处平收16针，然后进行领窝减针，方法是每2行减3针减6针，每2行减2针减1次，共减20针，织14行至肩部针数收完。同样方法编织右前片。

3. 编织后片。(1) 用下针起针法，起120针，先织18行花样B后，改织花样A，侧缝不用加减针，织114行至插肩袖隆。(2) 袖隆以上的编织。两边袖隆减28针，方法是每2行减1针减28次，领窝不用减针，织52行织肩部余64针。

4. 编织袖片。用下针起针法，起76针，先织4行花样B后，改织花样A，再织18行两边插肩袖隆减28针，方法是每2行减1针减28次，织52行至肩部余20针，同样方法编织另一袖。

5 缝合。将前片的侧缝与后片的侧缝对应缝合。袖片的插肩部与衣片的插肩部缝合。

6. 领片编织。领圈边挑152针，织8行花样B，形成开襟翻领。缝上纽扣。毛衣编织完成。

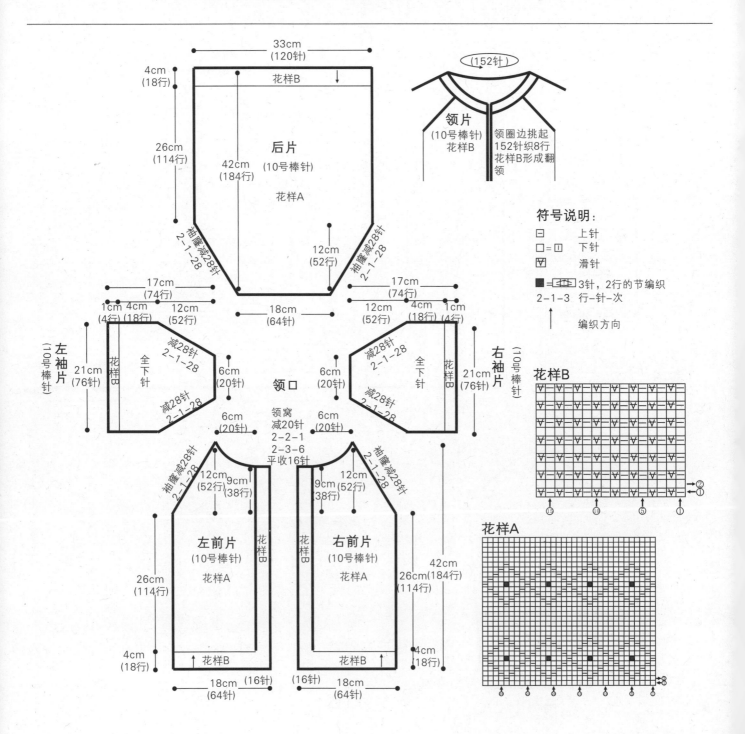

萌兔子斗篷

【成品规格】 披肩长59.5cm

【工 具】 8号棒针

【编织密度】 20针×27行=10cm²

【材 料】 白色毛巾线400g

编织要点:

1.棒针编织法。由披肩衣身和帽片组成。

2.下摆起织,起240针,起织花样A单罗纹针,不加减针,织8行的高度后,下一行起全织下针,不加减

针,织90行的高度,在最后一行里,每3针并为1针,针数减少160针,余下80针,下一行继续编织花样A,不加减针,织20行的高度,折回衣内缝合。形成的管状,中间穿过系带,两端缝上一个毛线球。衣身完成。

3.在花样A对折线上挑针,挑60针,起织花样A,不加减针,织8行后全部改织下针,不加减针,再织46行。以中心对称对折缝合。

4.领襟的编织。分别沿着右衣襟边、帽前沿边、左衣襟边、挑针240针,起织花样A,不加减针,织8行的高度后,收针断线。最后制作兔耳朵。起8针,首尾闭合,然后分为8部分加针,2-1-5,加成48针,不加减针,织下针12行后,再分为8部分减针,1-1-6,最后余下8针,收为1针打结,藏好线尾。在帽顶钉上两个大红扣子,作眼睛,一个小红扣子,作鼻子,再用红线绣出嘴巴。衣服完成。

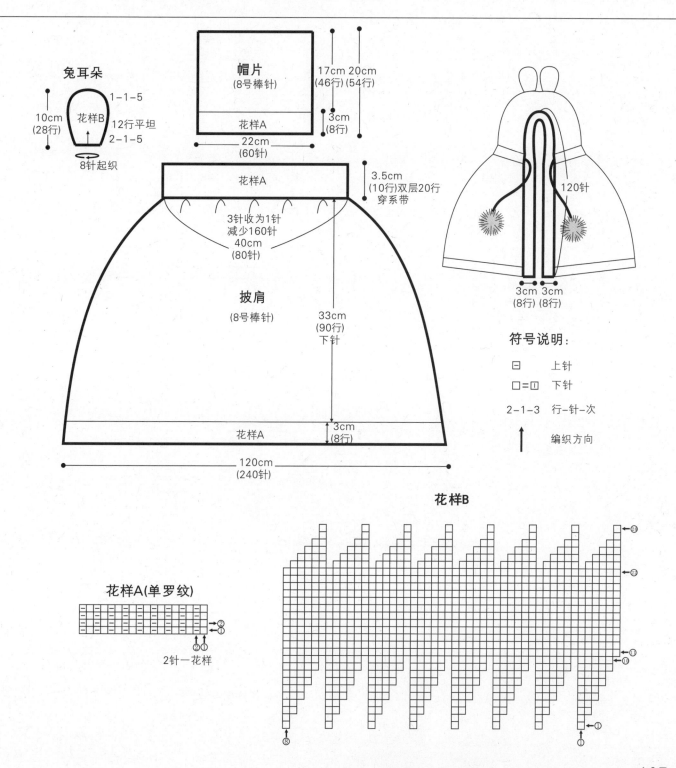

百搭背心

【成品规格】 胸宽36.5cm，衣长42cm，肩宽23cm

【工　　具】 10号、11号棒针

【编织密度】 27针×37行=10cm²

【材　　料】 米色羊毛线300g，红色、黄色、蓝色、绿色、肉粉色、军绿色各少许

1.10号棒针织22cm下针到腋下，进行袖窿减针，减针方法如图，织至衣长最后10cm，按图示进行后领减针，肩留12针，待用。

2.前片。用11号棒针起99针，织4cm单罗纹，换10号棒针织22cm到腋下，进行袖窿减针，减针方法如图，织到衣长最后10cm时，开始领口减针，减针方法如图示，肩留12针，待用。

3.分别合并侧缝线和肩线。

4.领、袖。挑织，如图一。

5.在前片绣上花样A。

编织要点:

1.先织后片。用11号棒针起99针，织4cm单罗纹，换

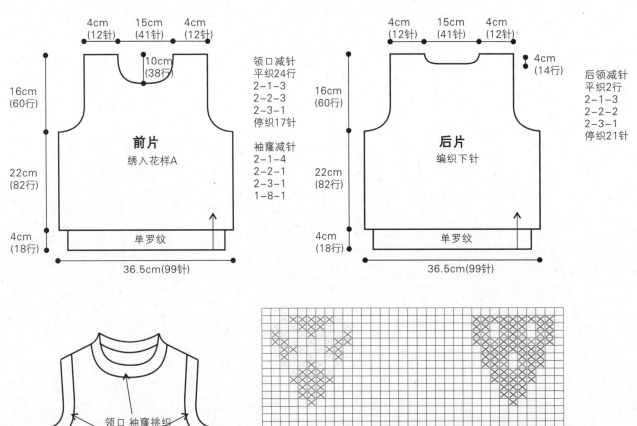

4cm (12针)　15cm (41针)　4cm (12针)

10cm (38行)

16cm (60行)

前片
绣入花样A

22cm (82行)

4cm (18行)

单罗纹

36.5cm(99针)

领口减针
平织24行
2-1-3
2-2-3
2-3-1
停织17针

袖窿减针
2-1-4
2-2-1
2-3-1
1-8-1

4cm (12针)　15cm (41针)　4cm (12针)

4cm (14行)

16cm (60行)

后片
编织下针

22cm (82行)

4cm (18行)

单罗纹

36.5cm(99针)

后领减针
平织2行
2-1-3
2-2-2
2-3-1
停织21针

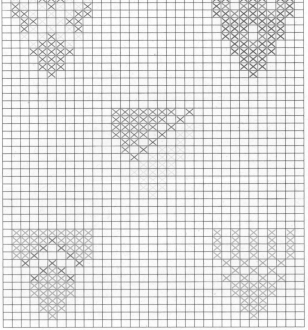

领口 袖窿挑织
单罗纹12行

花样A

明丽黄色外套

【成品规格】 衣长39cm，下摆宽31cm，袖长39cm

【工　具】 10号棒针，缝衣针，钩针

【编织密度】 34针×44行=10cm²

【材　料】 黄色羊毛线400g，白色线等少许，纽扣5枚，毛线腰带1根

编织要点：

1.毛衣用棒针编织，由2片前片、1片后片和2片袖片组成，从上往下编织。

2.先织肩部环形片部分，从领口织起。领口用下针起针法起102针，环织8行花样A后，改织花样B，门襟两边各留6针继续织花样A，并按花样B分3层加针，织完62行花样B后，总数为280针，环形部分完成。

3.开始分出2片前片、1片后片和2片袖片。(1)前片编织，分左前片和右前片编织。左前片分出42针，在袖窿处加10针为52针，编织全下针，并编入图案，侧缝不用加减针，织至96行时，改织14行花样A，收针断线。同样方法，反方向编织右前片。(2)后片编织，分出84针，在两边袖窿处各加10针为104针，编织全下针，侧缝不用加减针，织至96行时，改织14行花样A，收针断线。(3)袖片编织，左袖片分出60针，两边各加10针为80针，编织全下针，袖下减针，方法是每10行减1针减10次，织至96行时，改织14行花样A，收针断线。同样方法编织右袖片。

4.缝合。将两前片的侧缝和后片的侧缝缝合。两袖片的袖下分别缝合。

5.前片口袋另织，起10针，织全下针，两边即时加针，方法是每2行加1针加6次，加至22针时即时减针，方法是每2行减1针减6次，同时织至22行时中间分两边减针，把针数减完，然后缝合到前片相应的位置上。

6.用钩针钩织1片领片，系上毛线腰带，用缝衣针缝上纽扣。毛衣编织完成。

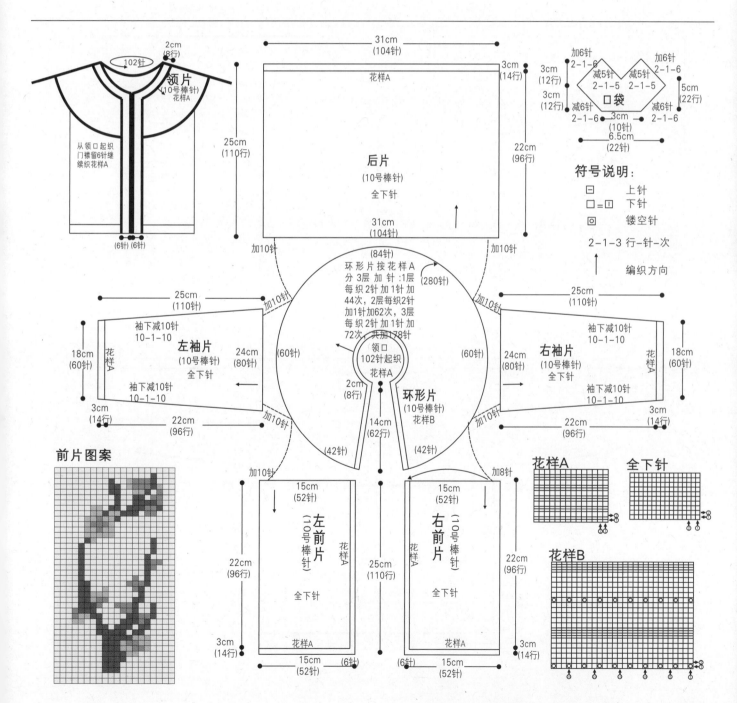

109

立体花套头衫

【成品规格】 衣长36cm，胸围64cm，肩宽32cm，袖长21cm

【工 具】 12号棒针

【编织密度】 23针×43行=10cm²

【材 料】 红色棉线450g

编织要点:

1.棒针编织法，衣身分为前片和后片分别编织而成。

2.起织后片，后片由4组花样B组合而成，从中心往四周织。下针起针法，起12针，每组花样3针，一边加针，详细方法如花样B所示，织至66行，第67行将织片确定为衣领的一边中间留起29针不织，两侧减针，方法为2-1-2，织至70行，织片两肩部各余下

20针，其他三边各73针。

3.起织前片，前片由4组花样B组合而成，从中心往四周织。下针起针法，起12针，每组花样3针，一边织加针，详细方法如花样B所示，织至42行，第43行将织片确定为衣领的一边中间留起11针不织，两侧减针，方法为2-2-4，2-1-3，织至70行，织片两肩部各余下20针，其他三边各73针。

4.前片与后片的两侧缝对应缝合43针，余下30针作为袖隆，两肩部对应缝合。

5.编织衣摆，沿前后片下摆挑起146针，环织，织花样A，织14行后，收针断线。

6.编织袖子，挑起前后片袖隆留起的60针环织，袖底缝两侧减针，方法为12-1-6，织74行改织花样A，织14行后，收针断线。同样的方法编织另一衣袖。

领片制作说明

1.沿领口挑起环形编织。

2.起68针，织花样A，织8行后，单罗纹针收针法收针断线。

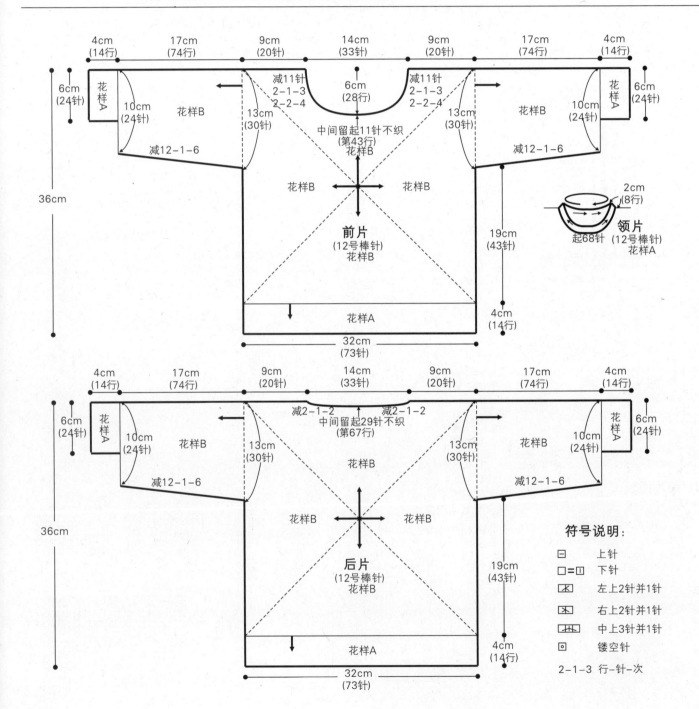

配色男孩套头衫

【成品规格】 胸宽38cm，衣长43cm，肩宽29cm，袖长38cm

【工 具】 11号、12号棒针

【编织密度】 31针×43行=10cm²

【材 料】 黑色中细毛线350g，白灰色中细毛线35g，黑灰夹花中细毛线30g

编织要点：

1.先织后片 用12号棒针黑毛线起120针，织3.5cm单罗纹，换11号棒针织23cm下针到腋下，进行袖窿减

针，减针方法如图，肩留22针，待用。

2.前片，用黑色毛线12号棒针起120针，织3.5cm单罗纹，换11号棒针编织下针14行，换织花样A，织80行，再织下针织，织23cm到腋下，进行袖窿减针，减针方法如图，织到衣长最后6.5cm时，开始领口减针，减针方法如图示，肩留22针，待用。

3.袖，用12号棒针黑色毛线起58针，如图一，织单罗纹，织到3.5cm均匀放针至64针，两侧按图示加针，织下针24.5cm到腋下，进行袖山减针，减针方法如图，减针完毕，袖山形成。

4.分别合并侧缝线和袖下线，并缝合袖子。

5.领，挑织，如图二。

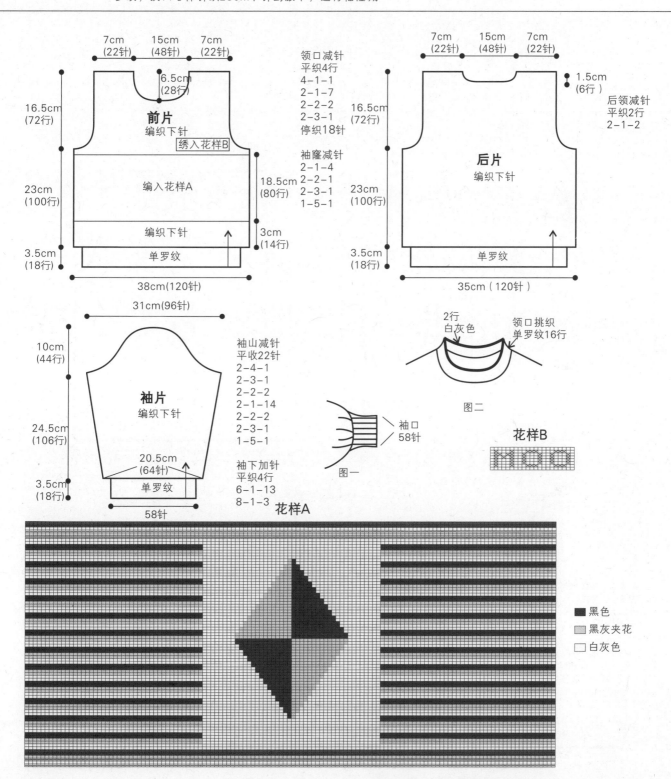

绿色学生装

【成品规格】 衣长39cm，下摆宽36cm，袖长37cm

【工　　具】 10号棒针，缝衣针

【编织密度】 24针×34行=10cm²

【材　　料】 绿色羊毛线400g，黑色线等少许

编织要点：

1. 毛衣用棒针编织，由2片前片、1片后片和2片袖片组成，从下往上编织。

2. 先编织前片。分右前片和左前片编织。(1) 右前片，用机器边起针法起44针，先织18行单罗纹并配色，然后改织花样A，侧缝不用加减针，织64行至袖隆。(2) 袖隆以上的编织。右侧袖隆减针，方法是每织2行减2针减5次，共减10针，不加不减平织40行至袖隆。(3) 同时从袖隆算起织至6行时，开始领窝减针，方法是每4行减2针减4次，每6行减1针减4次，织

至肩部余22针。(4) 相同的方法，相反的方向编织左前片。

3. 编织后片。(1) 用机器边起针法，起86针，先织18行单罗纹，并配色，然后改织全下针，侧缝不用加减针，织64行至袖隆。(2) 袖隆以上编织。袖隆开始减针，方法与前片袖隆一样。(3) 同时织至从袖隆算起46行时，开后领窝，中间平收18针，两边各减2针，方法是每2行减1针减2次，织至两边肩部余22针。

4. 编织袖片。从袖口织起，用机器边起针法，起48针，先织18行单罗纹，并配色，然后改织花样A，袖侧缝两边加12针，方法是每4加1针加12次，编织68行至袖隆。开始两边袖山减针，方法是两边分别每2行减2针减4次，每2行减1针减16次，共减24针，编织完40行后余24针，收针断线。同样方法编织另一袖片。

5. 缝合。将前片的侧缝与后片的侧缝对应缝合，前后片的肩部对应缝合，再将两袖片的袖下缝合后，袖山边线与衣身的袖隆边对应缝合。

6. 领子编织。两边门襟至领圈边挑274针，织12行单罗纹，并配色，左边门襟均匀地开扣眼。形成开襟V领。

7. 用缝衣针缝上纽扣和装饰图标。衣服编织完成。

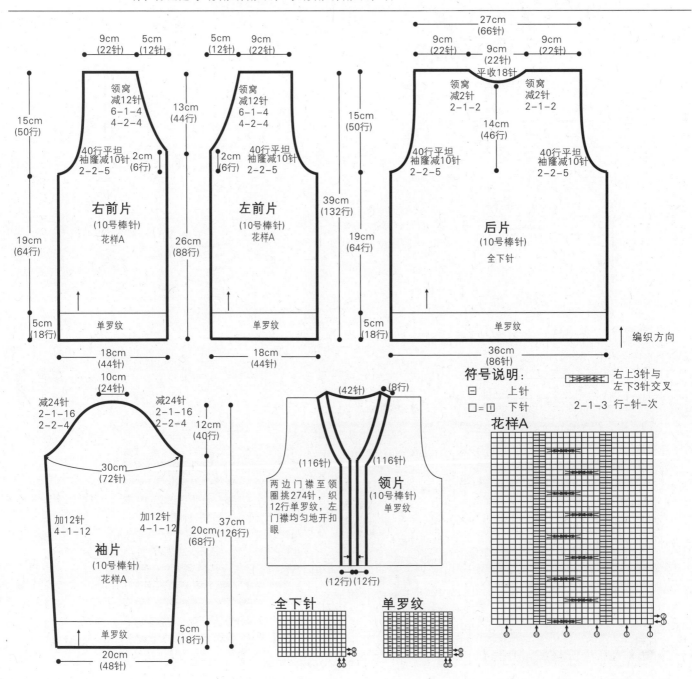

保暖配色毛衣

【成品规格】 衣长34cm，下摆宽35cm，连肩袖长34cm

【工 具】 10号棒针，缝衣针

【编织密度】 38针×54行=10cm²

【材 料】 橙色羊毛线200g，白色线100g

编织要点:

1.毛衣用棒针编织，由1片前片、1片后片和2片袖片组成，从下往上编织。

2.先编织前片。(1)用下针起针法，起134针，先织16行双罗纹后，改织花样A，侧缝不用加减针，织

114行至插肩袖隆，并配色。(2)袖隆以上的编织。两边各平收6针后，进行袖隆减针，方法是每2行减2减16次，各减32针，织54行至顶部。(3)同时织至从袖隆算起38行时，进行领窝减针，中间平收42针，然后两边各减8针，方法是每2行减1针减8次，织至肩部针数减完。

3.编织后片。编织方法与前片一样，但是后片不用开领窝，全部编织花样B，织至顶部余58针。

4.编织袖片。用下针起针法，起60针，先织16行双罗纹后，改织花样B，并配色，两边袖下加针，方法是每6行加1针加18次，共加18针，织至114行开始插肩减针，两边各平收6针后减针，方法是每2行减2针减16次，至顶部余20针，同样方法编织另一袖，收针断线。

5.缝合。将前片的侧缝与后片的侧缝对应缝合。袖片的袖下分别缝合，袖片的插肩部与衣片的插肩部缝合。

6.领片编织。领圈边挑144针，圈织60行花样C，形成插肩高领。毛衣编织完成。

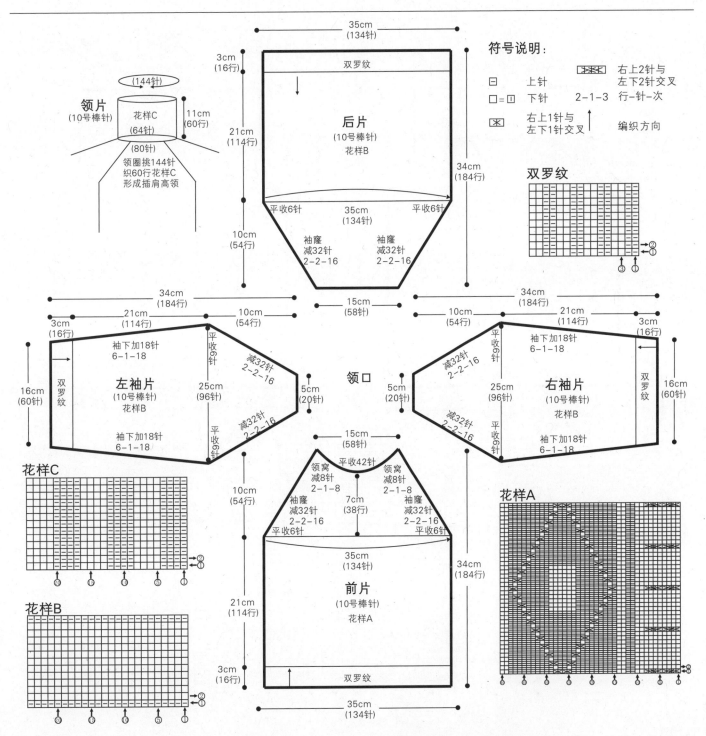

V领小背心

【成品规格】 衣长38cm，下摆宽33cm

【工 具】 10号棒针，缝衣针

【编织密度】 26针×30行=10cm²

【材 料】 蓝色羊毛线200g，黄色、白色线少许

编织要点:

1. 毛衣用棒针编织，由1片前片、1片后片组成，从下往上编织。

2. 先编织前片。(1) 用下针起针法起84针，编织12行双罗纹后，改织花样A，并配色，侧缝不用加减针，织58行至袖隆。(2) 袖隆以上的编织。两边袖隆先平收4针后减针，方法是每4行减2针减3次，各减6针，余下针数不加不减织34行至肩部。(3) 同时从袖隆算起织至6行时，中间留取2针待用，开始开领窝，两边减针，方法是每2行减1针减19次，各减19针，织至肩部余12针。

3. 编织后片。(1) 袖隆和袖隆以下编织方法与前片袖隆一样。(2) 同时织至袖隆算起42行时，开后领窝，中间平收36针，两边减针，方法是每2行减1针减2次，织至两边肩部余12针。

4. 缝合。将前片的侧缝与后片的侧缝对应缝合。前片的肩部与后片的肩部缝合。

5. 领片编织。领圈边挑102针，以前片留的2针为中点，按V领领口花样图解编织10行双罗纹，并配色，形成V领。

6. 袖口编织。两边袖口分别挑64针，织10行双罗纹，并配色。

7. 缝上装饰图标，毛衣编织完成。

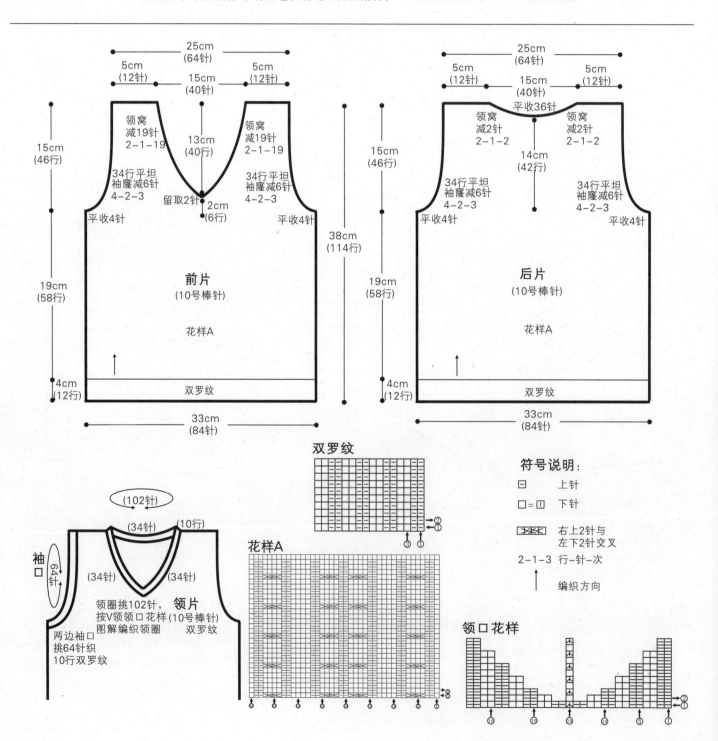

可爱小鱼图案毛衣

【成品规格】 衣长35cm，下摆宽30cm，肩宽22cm，袖长31cm

【工 具】 10号棒针，缝衣针

【编织密度】 34针×40行＝10cm²

【材 料】 灰色羊毛线300g，橙色线等少许

编织要点：

1. 毛衣用棒针编织，由1片前片、1片后片和2片袖片组成，从下往上编织。

2. 先编织前片。(1)用下针起针法起102针，编织8行花样A后，改织全下针，编入图案并配色，侧缝不用加减针，织72行至袖窿。(2)袖窿以上的编织。两边袖窿平收4针后减针，方法是每2行减1针减10次，各减10针，余下针数不加不减织40行至肩部。(3)同时从袖窿算起织至36行时，开始开领窝，中间平收12针，然后两边减针，方法是每2行减2针减7次，各减14针，不加不减织10行，至肩部余17针。

3. 编织后片。(1)用下针起针法起102针，编织8行花样A后，改织全下针，编入图案并配色，侧缝不用加减针，织72行至袖窿。(2)袖窿以上的编织。两边袖窿平收4针后减针，方法是每2行减1针减10次，各减10针，余下针数不加不减织40行至肩部。(3)同时从袖窿算起织至52行时，开始开领窝，中间平收32针，然后两边减针，方法是每2行减1针减4次，至肩部余17针。

4. 袖片编织。用下针起针法，起52针，织8行花样A后，改织全下针，编入图案并配色，袖下加针，方法是每6行加1针加10次，织至72行时，两边平收4针，开始袖山减针，方法是每2行减1针减20次，至顶部余24针。

5. 缝合。将前片的侧缝与后片的侧缝对应缝合。前片的肩部与后片的肩部缝合，两边袖片的袖下缝合后，分别与衣片的袖边缝合。

6. 领片编织。领圈边挑114针，圈织10行单罗纹，最后用橙色线织2行，形成圆领。

7 前片图案。用缝衣针，用十字绣的绣法绣上小鱼图案，毛衣编织完成。

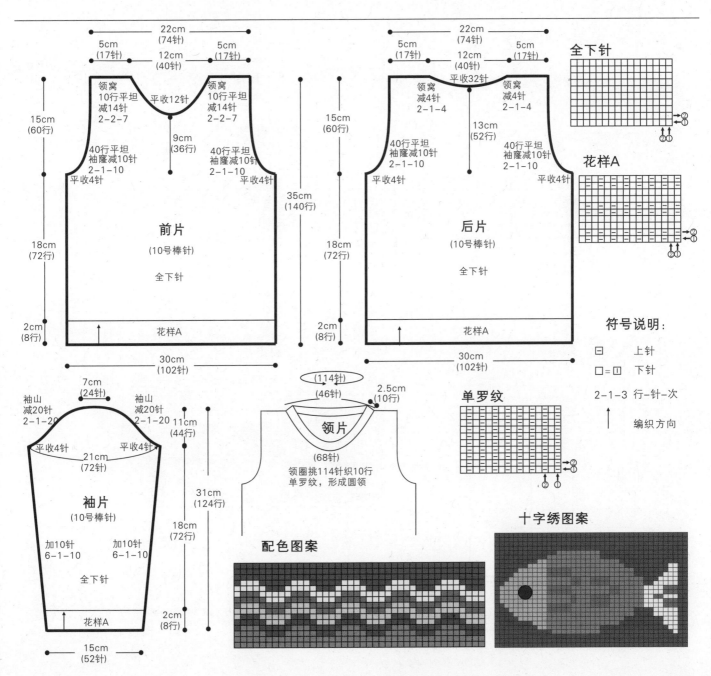

115

配色开衫背心

【成品规格】	衣长37cm，胸围64cm
【工 具】	9号棒针
【编织密度】	22针×24行=10cm²
【材 料】	蓝色毛线150g，白色线少许

编织要点：

本款全部由起伏针织成，不用单独挑织边缘部分。

1.后片。用蓝色线起70针织起伏针24行后织入间色图案，图案完成后上面继续织蓝色线，织20cm开挂肩，腋下各平收4针，再隔收1针；织25行时开始收后领窝，中心平收22针，两侧按图示减针，剩余部分平织至完成。

2.前片。织法同后片，起26针，开挂同时收织领。按图示减针。

3.缝合各片。完成。

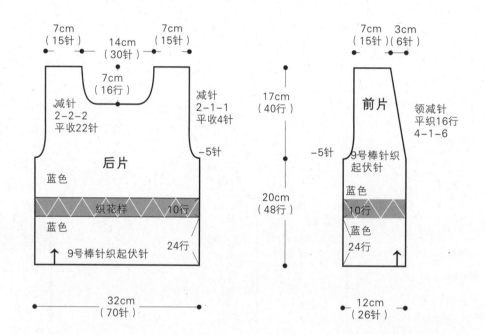

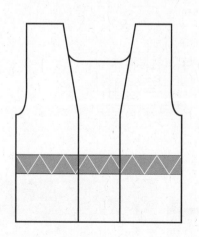

编织花样

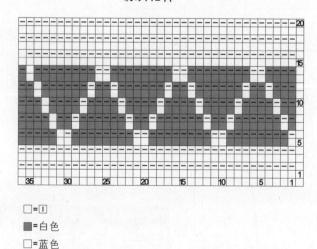

□=☑

■=白色

□=蓝色

黑色系带装

【成品规格】	衣长42cm，胸围72cm，袖长30cm
【工　　具】	10号、12号棒针
【编织密度】	28针×29行=10cm²
【材　　料】	黑色毛线150g，灰色线200g，丝带一根

编织要点：

1.后片。用12号棒针起104针织双色双罗纹16行后换

10号棒针织花样，平织23cm开挂肩，腋下各平收4针，留2针为径在两侧分别减12针，肩平收，后领窝留1.5cm。

2.前片。织法同后片。领窝留6cm，开挂肩织26行开始收织领窝，中心平收14针，两侧按图示减针。

3.袖。织黑色线。袖全部织平针，起14针按图示织出袖山，袖筒平织6行开始在两侧减针，织60行后均收至44针，换12号棒针织灰色线双罗纹6行，再织黑色线8行平收。

4.领。用12号棒针沿领窝挑出96针灰色线双罗纹36行换黑色线织2行平收，缝合各片，穿上丝带，完成。

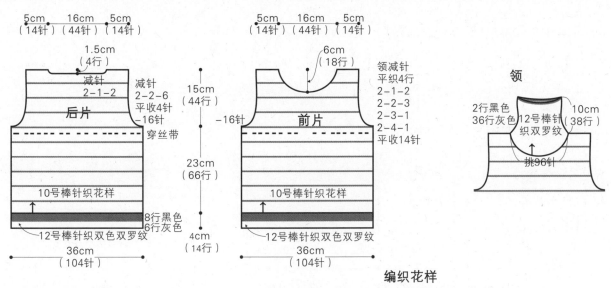

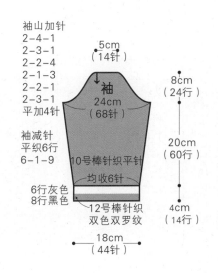

编织花样

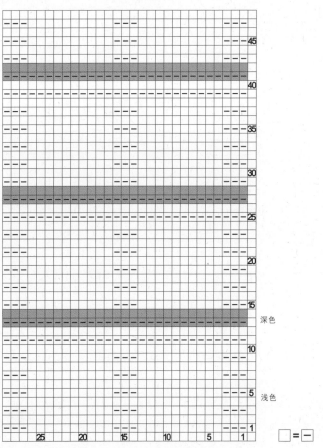

温暖高领毛衣

【成品规格】 衣长42cm，胸围72cm，连肩袖长44cm

【工　具】 10号、12号棒针

【编织密度】 22针×30行=10cm²

【材　料】 花式线400g

编织要点:

1.后片。用12号棒针起82针织双罗纹16行后换10号棒

针织花样，平织23cm开挂肩，腋下各平收4针，留1针为径在两侧减针织44行，最后30针平收。

2.前片。织法同后片。领窝留5cm，开挂肩织28行开始收织领窝，中心平收12针，两侧按图示减针。

3.袖。用12号棒针起46针织双罗纹16行后换10号棒针织花样，两侧分别加针织袖筒25cm，开始收织袖山，织法同后片。

4.领。用12号棒针沿领窝挑出80针双罗纹60行平收，缝合各片，完成。

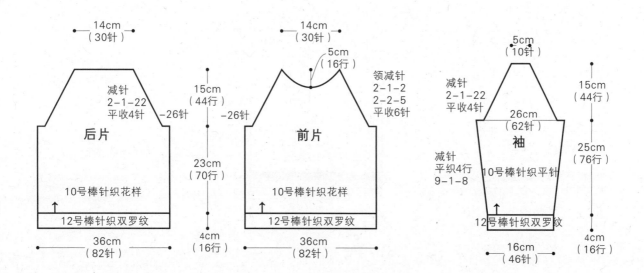

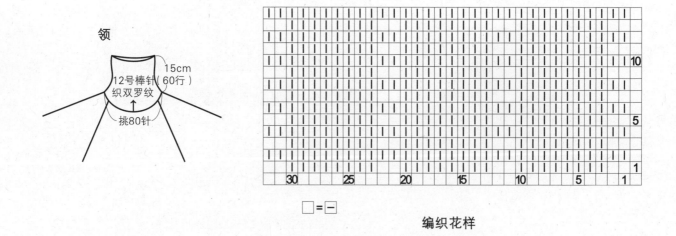

□=—

编织花样

英伦风套头衫

【成品规格】	衣长44cm，胸围72cm，袖长38cm
【工　　具】	10号、12号棒针
【编织密度】	28针×36行=10cm²
【材　　料】	蓝色毛线200g，黄色线100g，灰色线少许

编织要点:

1.后片。织蓝色，用12号棒针起100针织双罗纹16

行，换10号棒针织平针，织90行开挂肩，腋下各平收4针，再依次减针，后领窝中心平收30针，两侧减针各减2针，肩平收。

2.前片。底边织蓝色，同后片。双罗纹完成后换10号棒针织棱形图案，灰色线条织好后可绣上。织法同后片。领窝留6cm，中心平收10针，两侧按图示减针至完成。

3.袖。织深蓝色，起20针两侧加织出袖山后，袖筒按图示减针织26cm，均收6针换12号棒针织双罗纹16行平收。

4.领。用12号棒针沿领窝挑出84针双罗纹16行平收，缝合各片，完成。

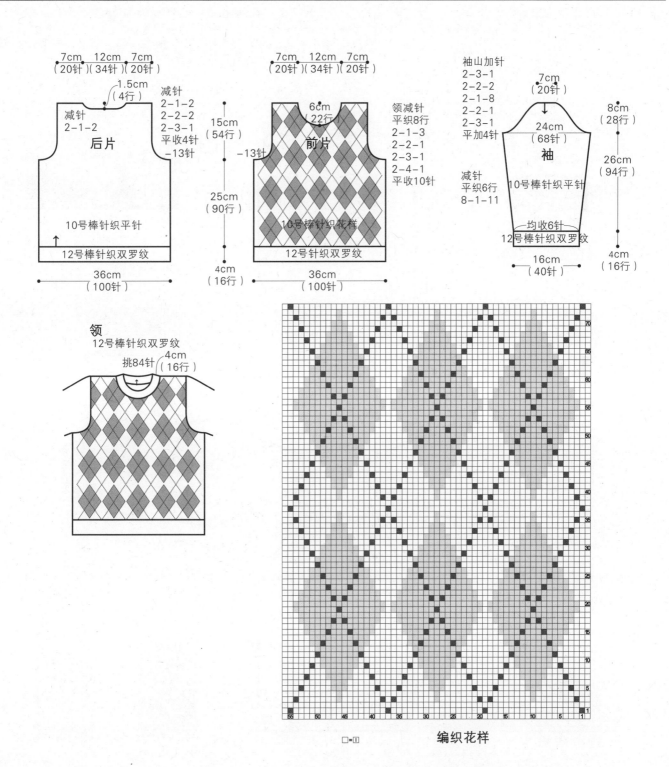

编织花样

□=①

缤纷男孩装

【成品规格】 衣长40.5cm，胸宽430cm，袖长40.5cm

【工 具】 10号棒针

【编织密度】 26针×39行=10cm²

【材 料】 深蓝色羊毛线200g，天蓝色150g，橘黄色50g，黄色30g

编织要点：

1.棒针编织法，袖窿以下1片编织，袖片的袖窿以下单独编织，再将袖身与前后片合并为1片圈织，插肩缝减针。

2.袖窿以下的编织。双罗纹起针法，用深蓝色线，起88×2=176针，起织花样A，不加减针，织26行，在最后一行里，分散加针，加48针，针数加成224针，下一行起全织下针，深蓝色线，不加减针，织29行，下一行起，依照花样B配色编织。织11行，然后用天蓝色线全织下针，织15行，然后继续织下针，依照花样D配色，织21行，至袖窿。暂停编织。

3.再编织两个袖身片。从袖口起织，用深蓝色线，起40针，起织花样A，织26行，在最后一行里，分散加针，加14针，针数加成54针，往上全织下针，配色和行数，与衣身相同，在袖侧缝上加针，4-1-18，加成90针，不加减针，再织4行至袖窿。相同的方法去编织另一个袖片。分别将袖侧缝缝合。将腋下12针与衣身的作腋下的12针拼接，将前后片的针数和两个袖片的针数作一圈，进行圈织，这样分出前片和后片，在前片和后片与袖片连接的1针上进行插肩缝减针，2-1-30，先是蓝色线织30行，然后依照花样F配色编织，织成18行后，前片减前衣领边，中间收针18针，织成由圈织改为片织。来回编织，前衣领边减针，2-1-6，织成12行后，留下的两个袖片针数和后片针数，再在前衣领边挑针，用深蓝色线起织花样A，前衣领边挑出48针，一圈共124针，起织花样A，织14行后收针断线。最后在前片的每个配色位置上用十字绣的方法绣上图案。衣服完成。

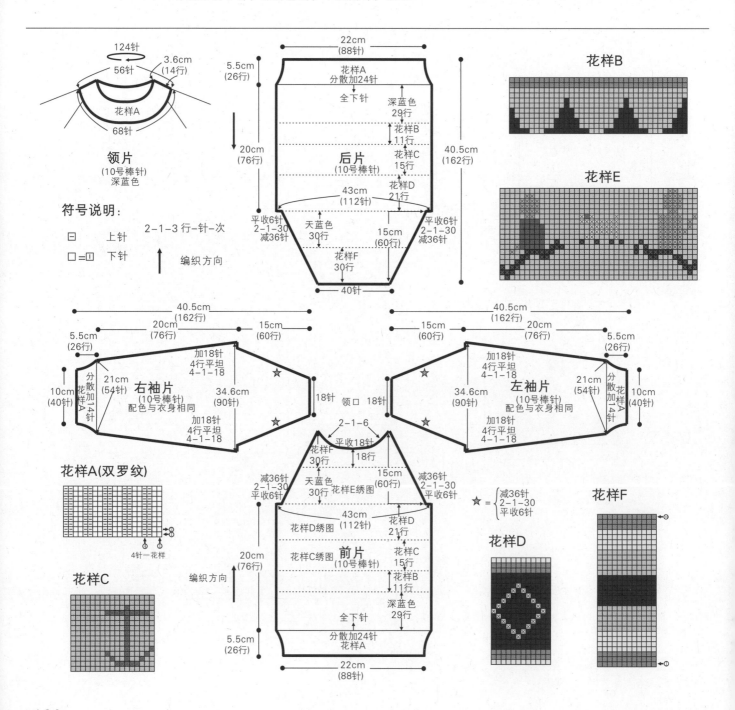